高等职业教育系列教材

U0174591

电工与电路基础

主　编　吴娟　雷晓平

副主编　党娇　黄鹏

参　编　李忠　李仕旭　孙曼莉

　　　　张明伯　梁平　高小梅

机械工业出版社

本书按照"强基础、重应用"的原则，将全书内容分为 6 个项目，分别为：安全用电、简易照明电路的分析与制作、MF47 型万用表的分析与安装、LED 延时控制电路的分析与制作、家庭配电箱的设计与安装以及三相异步电动机控制电路的分析与安装。

依据工作任务和职业能力分析，在每个项目设计多个工作任务，在各任务下构建以职业能力为核心的技能训练，并以工作任务单形式发布训练内容，设计合理、内容丰富、可操作性强。

本书既可以作为高等职业院校、应用型本科院校的电子类、通信类、自动化类等专业的教材，也可以作为各种电子类技能认证考试的参考用书，还可作为相关技术人员的自学与参考用书。

本书配有微课视频、元器件实物图、工程案例、EDA 仿真实验等，读者扫描二维码即可观看学习。

本书配有电子课件，需要的教师可登录机械工业出版社教育服务网（www. cmpedu. com）免费注册，审核通过后下载，或联系编辑索取（微信：15910938545，电话：010 – 88379739）。

图书在版编目（CIP）数据

电工与电路基础/吴娟，雷晓平主编 . —北京：机械工业出版社，2020. 9（2024. 7 重印）

高等职业教育系列教材

ISBN 978-7-111-66487-1

Ⅰ. ①电… Ⅱ. ①吴… ②雷… Ⅲ. ①电工技术-高等职业教育-教材②电路理论-高等职业教育-教材 Ⅳ. ①TM

中国版本图书馆 CIP 数据核字（2020）第 169570 号

机械工业出版社（北京市百万庄大街 22 号 邮政编码 100037）
策划编辑：和庆娣 责任编辑：和庆娣
责任校对：王明欣 责任印制：郜 敏
中煤（北京）印务有限公司印刷
2024 年 7 月第 1 版第 7 次印刷
184mm×260mm · 17 印张 · 438 千字
标准书号：ISBN 978-7-111-66487-1
定价：59. 90 元（含工作页）

电话服务		网络服务		
客服电话：010-88361066		机 工 官 网：www. cmpbook. com		
	010-88379833	机 工 官 博：weibo. com/cmp1952		
	010-68326294	金 书 网：www. golden-book. com		
封底无防伪标均为盗版		机工教育服务网：www. cmpedu. com		

高等职业教育系列教材
电子类专业编委会成员名单

出 版 说 明

党的二十大报告首次提出"加强教材建设和管理",表明了教材建设国家事权的重要属性,凸显了教材工作在党和国家事业发展全局中的重要地位,体现了以习近平同志为核心的党中央对教材工作的高度重视和对"尺寸课本、国之大者"的殷切期望。教材作为教育目标、理念、内容、方法、规律的集中体现,是教育教学的基本载体和关键支撑,是教育核心竞争力的重要体现。建设高质量教材体系,对于建设高质量教育体系而言,既是应有之义,也是重要基础和保障。为落实立德树人根本任务,发挥铸魂育人实效,机械工业出版社组织国内多所职业院校(其中大部分院校入选"双高"计划)的院校领导和骨干教师展开专业和课程建设研讨,以适应新时代职业教育发展要求和教学需求为目标,规划并出版了"高等职业教育系列教材"丛书。

该系列教材以岗位需求为导向,涵盖计算机、电子信息、自动化和机电类等专业,由院校和企业合作开发,由具有丰富教学经验和实践经验的"双师型"教师编写,并邀请专家审定大纲和审读书稿,致力于打造充分适应新时代职业教育教学模式、满足职业院校教学改革和专业建设需求、体现工学结合特点的精品化教材。

归纳起来,本系列教材具有以下特点:

1)充分体现规划性和系统性。系列教材由机械工业出版社发起,定期组织相关领域专家、院校领导、骨干教师和企业代表开展编委会年会和专业研讨会,在研究专业和课程建设的基础上,规划教材选题,审定教材大纲,组织人员编写,并经专家审核后出版。整个教材开发过程以质量为先,严谨高效,为建立高质量、高水平的专业教材体系奠定了基础。

2)工学结合,围绕学生职业技能设计教材内容和编写形式。基础课程教材在保持扎实理论基础的同时,增加实训、习题、知识拓展以及立体化配套资源;专业课程教材突出理论和实践相统一,注重以企业真实生产项目、典型工作任务、案例等为载体组织教学单元,采用项目导向、任务驱动等编写模式,强调实践性。

3)教材内容科学先进,教材编排展现力强。系列教材紧随技术和经济的发展而更新,及时将新知识、新技术、新工艺和新案例等引入教材;同时注重吸收最新的教学理念,并积极支持新专业的教材建设。教材编排注重图、文、表并茂,生动活泼,形式新颖;名称、名词、术语等均符合国家有关技术质量标准和规范。

4)注重立体化资源建设。系列教材针对部分课程特点,力求通过随书二维码等形式,将教学视频、仿真动画、案例拓展、习题试卷及解答等教学资源融入到教材中,使学生学习课上课下相结合,为高素质技能型人才的培养提供更多的教学手段。

由于我国高等职业教育改革和发展的速度很快,加之我们的水平和经验有限,因此在教材的编写和出版过程中难免出现疏漏。恳请使用本系列教材的师生及时向我们反馈相关信息,以利于我们今后不断提高教材的出版质量,为广大师生提供更多、更适用的教材。

机械工业出版社

前　言

"电工与电路基础"是高职高专电子类、通信类、自动化类等专业的重要基础课程之一。为落实职业教育国家教学标准，从企业实际需求出发，结合课程教学实践经验，并针对以往教材大多"重理论、轻应用"、技能训练实施性不强、课程教学学时较多等问题，编写了本书。

本书参考学时为 64 学时，其中电工部分 32 学时，电路基础部分 32 学时。各学校可根据实际情况适当调整。

本书的特色在于"工学结合、项目驱动；技训丰富、能力本位；工单灵活、编排新颖"，具体如下。

1. 工学结合、项目驱动

本书采用项目化编写模式，每个项目设计多个工作任务，任务驱动学习，体现了工学结合、知行合一，使学生在做中学、学中做、寓学于乐。

2. 技训丰富、能力本位

本书从岗位出发、以职业能力为核心构建技能训练，将职业能力落实在操作过程中，并以任务工作单形式发布训练内容，包括：任务单、材料工具单、实施单、评价单和教学反馈单。任务工作单设计合理、内容丰富、可操作性强。

3. 工单灵活、编排新颖

本书配套《电工与电路基础学习工作页》，包含各个任务的技能训练，其新颖的编排方式更贴合企业实际工作需求，并且工作页独立成册，使用更便捷。

按照"强基础、重应用"的原则，本书内容整合为 6 个项目，分别为：安全用电、简易照明电路的分析与制作、MF47 指针型万用表的分析与安装、LED 延时控制电路的分析与制作、家庭配电箱的设计与安装以及三相异步电动机控制电路的分析与安装。全书以项目为载体，将理论知识融入每一个教学任务和技能训练中，内容扎实、详尽、全面。

本书由学校专业教师与企业的高级工程师联合编写，其中重庆电子工程职业学院吴娟和雷晓平担任主编，党娇和黄鹏担任副主编。参编人员包括重庆电子工程职业学院李忠、李仕旭和高小梅，中机中联工程有限公司孙曼莉以及百科荣创（北京）科技发展有限公司张明伯和梁平。全书由李忠和李仕旭审稿，吴娟和雷晓平统稿。

本书为新形态一体化教材，配备丰富的二维码资源，包括：微课视频、元器件实物图、工程案例、EDA 仿真实验等，帮助读者利用各种时间进行碎片化学习。

由于编者水平有限，书中难免存在不妥之处，恳请读者批评指正，并提出宝贵意见。

编　者

目　　录

项目1　安全用电

项目描述

电已经成为人们日常生活中不可缺少的一部分。没有电，我们欣赏不到精彩的电视节目；没有电，医生无法使用无影灯做手术；没有电，工厂的机器就会停止转动；没有电，夜晚人们在室外只能依靠微弱的月光摸索着行进。

虽然电给人们的生活带来了许多便利，但如果使用不当，它也会给人们的生产和生活带来巨大的经济损失和人员伤亡。因此，本项目将从安全用电基础知识、触电急救和电气防火措施几个方面展开阐述，使读者提高安全用电的意识。

思维导图

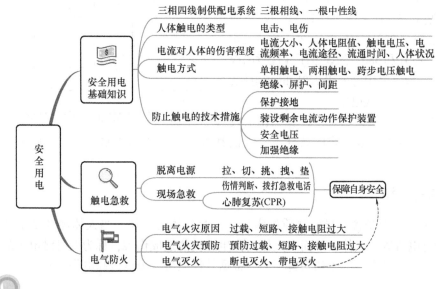

项目1　思维导图

项目目标

知识目标

- 掌握安全用电的基础知识。
- 了解并掌握触电时急救常识及注意事项。
- 了解工作中安全用电的注意事项。
- 了解电气防火的几项重要措施。

技能目标

- 能够对生活中的安全用电事故进行分析。
- 会使用假体模型模拟实施心肺复苏急救方法。

任务 1.1　安全用电基础

【案例导入】 2013 年 8 月 9 日下午，北京某公园内的宠物乐园里供小狗游泳的喷泉漏电，导致两只宠物狗被电死。其主人彭先生下水救触电的爱犬，也遭触电不治身亡。据报道，事故的原因是"整个用电设备没有装剩余电流动作保护装置"。

所谓安全用电，是指电气工作人员、生产人员以及其他用电人员，在规定环境下采取必要的措施和手段，在保证人身及设备安全的前提下正确使用电力。如果电气设备使用不当，安装不合理，设备维护不及时和违反操作规程等，都可能造成人身伤亡和触电事故，使人体受到各种不同程度的伤害。因此本任务通过安全事故案例解析，使读者了解触电的基础知识，掌握预防触电的基本技术措施。

1.1.1　三相四线制供配电系统

现代电力系统中的供电方式采用三相正弦交流电，而作为供电电源的发电机和变压器的三相绕组的接法，通常采用如图 1-1 所示的三相四线制供配电系统–星形联结，当从中性点 N 引出中性线时，就形成了三相四线制系统。该系统含有 U、V、W 三根相线和中性线 N，能输出 220V 的相电压（任意一根相线与中性线之间的电压）和 380V 的线电压（任意两根相线之间的电压）。一般家庭用电采用 220V 的相电压，工厂的动力用电采用 380V 的线电压。

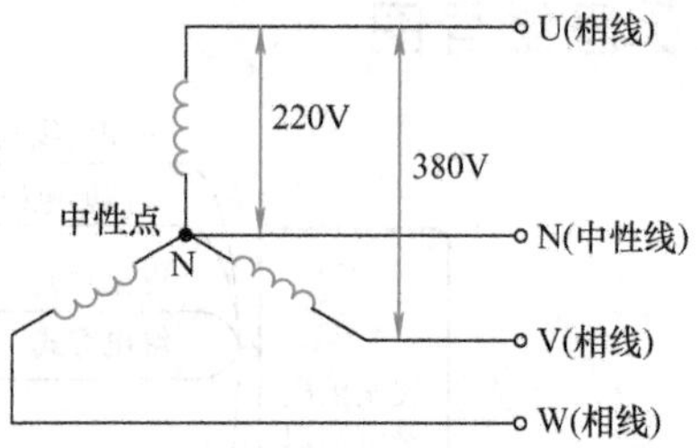

图 1-1　三相四线制供配电系统–星形联结

除了三相四线制系统，电力系统中还有三相三线制和三相五线制供配电系统，在一定的条件下，它们都可以在三相四线制系统的基础上变化而得。

1.1.2　人体触电的类型

人体组织中有 60% 以上是含有导电物质的水分，因此人体是导体。当人体触及带电体并构成回路时，就会有电流流入人体，从而对人体内部生理机能造成伤害，称为人身触电事故。

人体触电后，电流流经人体产生的伤害不同，根据其性质可分为电击和电伤两种。

1. 电击

电击是指电流通过人体，从而造成人体内部组织的反应和病变破坏，使人出现刺痛、痉挛、麻痹、昏迷、心室颤动或停跳、呼吸困难或停止等现象。

2. 电伤

电伤是指由于电流的热效应、化学效应或机械效应对人体外表造成的局部伤害，如电灼伤、电烙伤、金属溅伤等，一般不会危及生命。

在高压触电事故中，电伤与电击往往同时发生。日常生产和生活中的触电事故，绝大部分都是由电击造成的，而且人身触电事故还往往会引起二次事故，如高空跌落、机械伤人等。

1.1.3　电流对人体的伤害程度

电流对人体的伤害程度与以下 7 个因素有关。

1. 电流的大小

流过人体的电流大小是影响人体伤害程度的主要因素。流过人体的电流越大，对人体的伤害也会越严重。对于"工频"交流电，按照通过人体的电流大小所呈现的不同状态，可将其划分为感知电流、摆脱电流和致命电流 3 种，其含义和大小如表 1-1 所示。

表 1-1 电流大小对人体的作用划分

电流类型	含 义	电流大小/mA
感知电流	能引起人体感知的最小电流	1
摆脱电流	人体触电后能自主摆脱的最大电流	10 ~ 16
致命电流	短时间内危及生命的最小电流	50

一般情况下，30mA 以下的交流通过人体，短时间内不会造成生命危险，称为安全电流。

2. 人体的电阻值

人体的电阻值通常为 10 ~ 100kΩ，基本上由皮肤的表皮角质层电阻来决定，但它会随触电时的接触面积、压力及潮湿、肮脏程度等因素而变化，极具不确定性，并且会随触电电压的升高而减小。当触电电压一定时，人体的电阻值越小，通过人体的电流就会越大，对人体的伤害程度也越严重。

3. 触电电压的大小

作用于人体的触电电压越大，通过人体的电流越大，人体受到的伤害就越严重，而触电电压的大小往往跟触电方式有关，这将在后续学习中讲到。

4. 电流的频率

对于同样大小的电流，交流电比直流电伤害严重，而 40 ~ 60Hz 的交流电流对人体的伤害程度最为严重。当电流的频率偏离 40 ~ 60Hz 越远，对人体的伤害程度越轻。不过，电压很高的高频电流对人体依然是十分危险的。

5. 电流流过人体的持续时间

电流对人体的伤害程度与电流通过人体的时间有关。随着电流通过人体的时间增长，电流对人体组织的电解作用会使人体电阻逐渐降低，因此，通过人体的电流会逐渐增大，从而加重对人体的伤害。

6. 电流的途径

电流通过头部会使人昏迷而死亡；通过脊髓会导致截瘫及严重损伤；通过中枢神经或有关部位，会引起中枢神经系统强烈失调而导致残废；通过心脏会造成心跳停止而死亡；通过呼吸系统会造成窒息。实践证明，从左手到脚是最危险的电流路径，从右手到脚、从手到手也是很危险的路径，从脚到脚是危险相对较小的路径。

7. 人体的状况

触电者的伤害程度还与其性别、年龄、健康状况、精神状态有关。女性比男性对电敏感性更强；儿童遭受电击的伤害比成年人严重；在同等情况下，有心脏病、肺病、精神疾病的患者受电击的伤害比健康人更严重。

1.1.4 触电方式

根据人体触及带电体的方式和电流通过人体的途径，触电可分为单相触电、两相触电和跨步电压触电3种情况。

1. 单相触电

单相触电就是人体的某一部位接触任何一根相线，而另一部位与大地或中性线接触引起的触电。根据电网中性点的运行方式不同，单相触电又分为3种情况，如图1-2所示。

1.1.4 单相触电

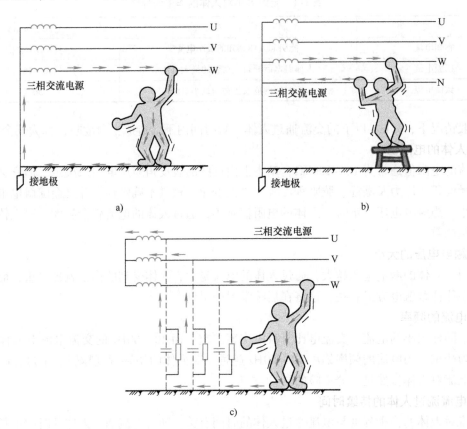

图 1-2 单相触电

a）人体接触相线，电网中性点接地 b）人体同时接触相线和中性线 c）人体接触相线，电网中性点不接地

（1）中性点接地系统的单相触电

在三相四线制供电系统中，电网中性点一般都是接地的。

如图1-2a所示，当人体接触任一根相线发生触电时，电流从相线经人体，再经大地回到中性点，人体上的电压为相电压220V。触电电流由人与相线的接触电阻、人体电阻、人与地面的接触电阻等共同决定，其中影响最大的还是人与地面的接触电阻，可采用穿绝缘鞋、站在绝缘垫上等办法来保障人身安全。

如图1-2b所示，当人体同时接触到一根相线和一根中性线时，电流从相线经人体回到中性点，人体上的电压为相电压220V。触电电流仅由人体电阻和人与电线之间的接触电阻决定，所以，这种类型的触电电流较大，十分危险。

（2）中性点不接地系统的单相触电

图1-2c是电网中性点不接地的三相三线制供电系统，任意相线与大地之间都存在绝缘电阻和分布电容，分布电容值的大小与线路的分布情况有关，线路分布越长，其分布电容值就越

大，交流电流就越容易通过。在该系统中，如果人体接触任一相线而发生触电时，电流将会通过人体和其他两相对地的分布电容及绝缘电阻形成回路，从而对人体构成危害。

当电气设备内部绝缘损坏而与外壳接触，将使其外壳带电。当人触及带电设备的外壳时，相当于单相触电。这是日常生活中比较常见的触电事故。

2. 两相触电

如图1-3所示，在三相供配电系统中，人体同时接触电源的任何两根相线所造成的触电称为两相触电。发生两相触电时，电流从一根相线流过人体进入另一根相线而形成闭合回路，加在人体上的电压为线电压380V，流经人体的电流大小与系统中性点的运行方式无关，这是最危险的触电形式。

3. 跨步电压触电

跨步电压触电是指人体接近带电体接地点附近时，由于两脚之间存在跨步电压而引起的触电事故。如图1-4所示，当架空线路的一根带电导线断落在地上时，接地点与带电导线的电位相同，电流就会从导线的接地点向大地流散，于是地面上以接地点为中心的10~20m范围内，形成了若干同心圆的电位分布区域，离接地点越远，电流越分散，地面电位也越低。人跨进这个区域时，两脚踩在不同的电位点上就会承受跨步电压U，电流从一只脚经腿、胯部又到另一只脚与大地形成通路，会使人双脚抽筋倒地，增加人体的触电电压、改变了触电电流的流通路径，从而造成了严重的跨步电压触电事故。

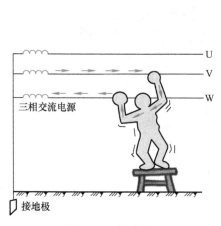

1.1.4 跨步电压触电

图1-3 两相触电　　　　　　　　图1-4 跨步电压触电

除此以外，电气设备发生接地故障时；雷雨天气中，雷电流通过接地装置时，人体走进接地点附近，均有可能发生跨步电压触电事故。而跨步电压的大小与接地电流的大小、人与接地点之间的距离、两脚之间的跨距及土壤的电阻率等有关，人体万一误入危险区，千万不能大步跑，而应双脚并拢或单脚跳出接地区。一般距接地点20m以外就没有危险了。

1.1.5 防止触电的技术措施

防止触电的技术措施主要有以下几项。

1. 绝缘、屏护和间距

（1）绝缘

它是用绝缘物把可能形成的触电回路隔开，以防止触电事故的发生。

1.1.5 安全距离和绝缘保护

瓷、玻璃、云母、橡胶、木材、胶木、塑料等都是常用的绝缘材料。常见的绝缘方法有：将电气装置的外壳装上绝缘防护罩；将常用电工工具手柄上套上耐压 500V 以上的绝缘套；电工操作人员穿戴绝缘胶鞋、绝缘手套等。具体如图 1-5 所示。应当注意的是，很多绝缘物受潮后或在强电场作用下会丧失绝缘性能。

图 1-5　常见的绝缘方法

a）电工工具上的绝缘套　b）绝缘鞋　c）绝缘手套

（2）屏护

如图 1-6 所示，屏护是指用屏护装置（遮栏、护罩、护盖、箱闸等）将带电体与外界隔离起来，以有效地防止人体触及或靠近带电体。电器开关的可动部分一般不能使用绝缘，而需要屏护。高压设备不论是否有绝缘，均应采取屏护。

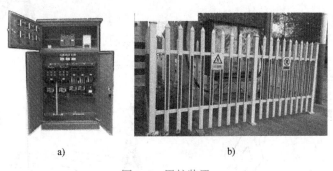

图 1-6　屏护装置

a）箱闸　b）遮栏

（3）间距

为防止带电体与带电体之间、带电体与地面之间、带电体与其他设施或设备之间、带电体与工作人员之间因距离不足而在其间发生电弧放电现象引起电击或电伤事故，因此规定其间距必须保持一定的安全距离。

2. 保护接地

将电力系统或电气设备的某些导电部分（如金属外壳）与大地之间进行良好的电气连接称为接地。用于实现接地的装置称为接地装置，它包括接地极和接地线两部分，埋入地中直接与大地接触的金属导体（如金属管道、金属管井、建筑物和设备基础的钢筋等）称为接地极，连接电气设备和接地极所用的导体称为接地线。

（1）接地的分类

根据接地的不同作用，可分为工作接地和保护接地两种。

为保证电力系统和设备达到正常工作要求而进行的接地，称为工作接地，如电源中性点的直接接地、经消弧线圈的接地以及防雷设备的接地等。

为保护人身安全，防止触电而将设备外露的可导电部分进行接地，称为保护接地。例如为了防止电动机正常运行时，其金属外壳因绝缘层损坏使人体接触而发生触电事故，通常要将电动机外壳进行接地。保护接地的工作原理可用图1-7来说明。

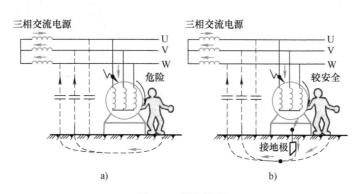

图 1-7　保护接地

a）电动机外壳未接地　b）电动机外壳保护接地

在图1-7a中，电动机的外壳未接地，当电动机发生U相碰壳时，其外壳带电，人若触及金属外壳，因设备底座与大地的接触电阻较大而使绝大部分电流从人体流过，存在人触电的危险。在图1-7b中，由于电动机的外壳采用了保护接地措施，当电动机发生U相碰壳时，人若触及金属外壳，电流将同时沿着接地极和人体两条并联通道流过，流过每一条通道的电流值将与其电阻的大小成反比。由于接地极电阻极小（一般不大于4Ω），而人体电阻要比接地极的接地电阻大数百倍，所以流经人体的电流几乎等于零而避免触电的危险。

（2）低压系统的接地形式

低压系统接地可采用以下几种形式。

1）TN系统。

电源端有一点直接接地（通常是中性点），电气设备的外露可导电部分通过保护线连接到此接地点。按照中性线（N）与保护线（PE）的组合情况，TN系统有以下3种。

① TN-S系统：整个系统的N线和PE线是分开的，如图1-8a所示。

② TN-C系统：整个系统的N线和PE线是合一的（PEN线），如图1-8b所示。在该系统中，设备中性点和设备外壳都与PEN线相连，如果PEN线在某处断开，接在断线后的电气设备只要有一处发生碰壳，则所有的设备外壳都有可能通过PEN线带电，这是非常危险的。因此，为了确保安全，严禁在PEN线上装设熔断器和开关。除了要在电源中性点进行工作接地外，还必须在PEN线的其他地方，按一定的间距及终端进行多次接地，这称为重复接地。

③ TN-C-S系统：系统中部分线路的N线和PE线是合一的，如图1-8c所示。

2）TT系统。

电源端有一点直接接地，电气设备的外露可导电部分直接接地，此接地点在电气线路上独立于电源端的接地点，如图1-9所示。

3）IT系统。

电源端的带电部分不接地，电气设备的外露可导电部分直接接地，如图1-10所示。图1-7b所示的接地形式也是IT系统。

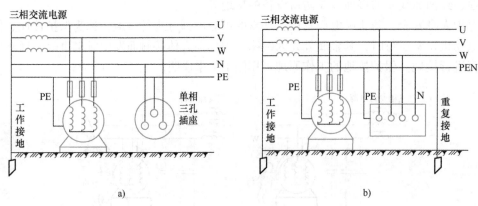

a)

b)

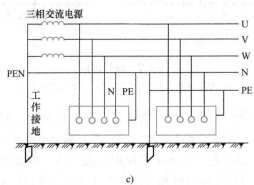

c)

图 1-8　TN 系统

a) TN - S 系统　b) TN - C 系统　c) TN - C - S 系统

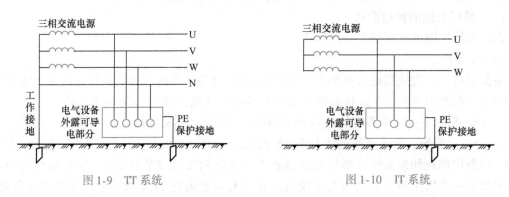

图 1-9　TT 系统　　　　　　　　　　　　图 1-10　IT 系统

小知识

低压系统接地形式符号说明

国际电工委员会（IEC）对系统接地形式做了统一规定，分为 TN、TT 和 IT 三种，其中，TN 系统又分为 TN - C、TN - S、TN - C - S 系统。各字母符号含义如下。

1) 第一个字母表示供电电源端与地的关系。

● T：表示电源中性点直接接地。

● I：表示电源端的所有带电部分不接地或有一点通过高阻抗接地。

2）第二个字母表示电气设备的外露可导电部分与地的关系。

●T：表示电气设备的外露可导电部分直接接地，此接地点在电气线路上独立于电源端的接地点。

●N：表示电气设备的外露可导电部分与电源端接地点有直接的电气连接（在交流系统中，接地点通常就是电源中性点）。

3）第三个字母表示电源的中性线与保护线的组合关系。

●S：表示中性线与保护线是严格分开的。

●C：表示中性线与保护线是合一的（PEN）线。

（3）系统接地形式的选用

1）TN-S系统适用于设有变电所的公共建筑、医院，有爆炸和火灾危险的厂房和场所，单相负荷比较集中的场所，数据处理设备、半导体整流设备和晶闸管设备比较集中的场所，洁净厂房、办公楼与科研楼、计算站、通信局（站）以及一般住宅等民用建筑的电气设备。

2）TN-C系统的安全水平较低，例如单相回路切断PEN线时，设备金属外壳带220V对地电压，因此不允许断开PEN线检修设备，对信息系统和电子设备也易产生干扰，可用于有专业人员维护管理的一般性工业厂房和场所。

3）TN-C-S系统适用于不附设变电所的上述第1）项中所列建筑和场所的电气设备。

4）TT系统适用于不附设变电所的上述第1）项中所列建筑和场所的电气设备，尤其适用于无等电位连接的户外场所（例如户外照明、户外演出场地、户外集贸市场等场所）的电气设备。

5）IT适用于供电不间断和防电击要求很高的场所，如地下矿井、电力钢铁厂以及大医院手术室等场所。由于IT系统没有引出中性线，也就不能提供照明、控制等需要的220V电源，且其故障防护和维护管理较复杂，使其应用受到限制。

6）由同一变压器、发电机供电的范围内，TN系统和TT系统不能与IT系统兼容。分散的建筑物可分别采用TN系统或TT系统中的一种。

（4）家庭电源插座的接线

家庭使用的电源插座大多是单相两孔插座和单相三孔插座，如图1-11所示，它们都是单相220V电源插座，最主要的区别在于保护线的有无。

单相两孔插座的两个插孔分别接相线（火线）和中性线（零线），接线方式为"左零右火"，应用于两脚插头，通常用于功率相同对较小或外壳是绝缘材料的家用电器，如台灯等。

单相三孔插座的下面两个插孔分别接相线（火线）和中性线（零线），接线方式仍然为"左零右火"，上面的插孔专用于保护线（PE）。三孔插座适用于三脚插头，其上面的保护线插脚一般与电器的金属外壳连接。为了防止电器漏电导致外壳带电引起的触电伤害，国家规定金属外壳的家用电器必须使用三脚插头，如洗衣机、电热水器、电冰箱等。

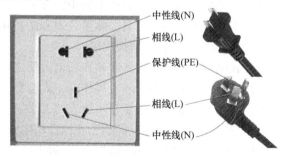

中性线(N)
相线(L)
保护线(PE)
相线(L)
中性线(N)

图1-11　家庭电源插座的接线

3. 装设剩余电流动作（Residual Current operated protective Devices，RCD）保护装置

低压配电系统中装设剩余电流动作保护装置是防止直接和间接接触导致的电击事故的有效措施之一，也是防止电气线路或电气设备接地故障引起电气火灾和电气设备损坏事故的技术措施之一。因此，为了安全有效地使用电能，应根据 GB/T 13955—2017《剩余电流动作保护装置安装和运行》正确选用、安装和使用剩余电流动作保护装置。

4. 安全电压

我国规定，安全电压的上限值在任何情况下，两导体之间或任一导体与大地之间均不得超过工频电压有效值 50V，安全电压的额定值等级有 42V、36V、24V、12V 和 6V。

安全电压等级的选用，应根据作业场所、操作员条件、使用方式、供电方式、线路状况等因素来确定。对容易造成触电的特殊场所，安全电压值应低一些。如手提照明器具，在危险环境、特别危险环境的局部照明灯，高度不足 2.5m 的一般照明灯，携带式电动工具等，若无特殊的安全防护装置和安全措施，均应采用 24V 或 36V 安全电压。在湿度大、狭窄、行动不便、以及周围有大面积接地导体的场所（如金属容器内、隧道内、矿井内等）使用的手提照明，应采用 12V 安全电压。

5. 加强绝缘

加强绝缘就是采用双重绝缘或另加总体绝缘，即保护绝缘体以防止通常绝缘损坏后的触电。

6. 其他措施

总体来讲，导致触电的原因有很多，如果我们能在思想上重视安全用电，在技术上采取安全措施，在制度上规范安全操作，那么发生触电事故的概率将会大大减少。作为电学的初学者，必须掌握以下用电常识。

1.1.5 用电安全
操作规程

1）不可以用湿手接触带电的物体，更不可以用湿布擦拭带电电器。

2）在电子实训室，不需要的实验设备保持电源关闭，严禁任何时候将电源的正负接线柱连接在一起。

3）经常检查电气设备的绝缘情况，如果绝缘损坏（如有裸露的带电线头），应及时使用绝缘材料包好或者及时更换。

4）安装和检修电气设备时，不可以用手去触摸鉴定，应使用验电笔来检测设备或导线是否带电。

5）严禁带负荷操作动力配电箱中的开关。

6）工作前必须检查工具、测量仪表和防护用具是否完好。工作结束后要清点工具及材料数量，清理现场。

1.1.5 安全色标
（图片）

7）在电容器上操作时，必须在断电后使之放电。

8）带电操作时，必须一人操作，一人监视。

9）熟悉安全色标和安全警示标志的含义。

10）杜绝超负荷用电，严禁私自拉接用电线路。

11）在搬移或者检修电气设备前，必须断开电气设备的电源。

1.1.5 常见安全
警示标志（图片）

知识拓展　静电和雷电的防护

静电放电与雷电放电有一些相同之处，它们的主要危害都是引起火灾和爆炸等，对人体安全和电气设备存在着威胁，所以掌握它们的防护措施有很大的意义。

1. 静电防护

静电是一种常见的自然现象，任何一种物质，不论是固体、液体、气体还是粉尘，不论是导体还是绝缘体，都会因为摩擦而产生静电。如夜晚脱毛衣时能听到放电声甚至会看到电火花，这是我们熟悉的静电现象。静电产生的内因有物质的逸出功不同、电阻率不同和静电常数不同等；静电产生的外因有物质的紧密接触和迅速分离、附着带电、感应起电、极化起电等。

（1）静电的危害

静电放电主要有以下危害。

1）爆炸和火灾。静电能量虽然不大，但因其电压很高而容易发生放电，如果周围存在易燃物质或者由易燃物质形成的爆炸性混合物，就有可能由静电火花引起爆炸或火灾。这种事故在炼油、化工、橡胶、造纸印刷、粉末加工等行业很容易发生。

2）电击。静电电击不是电流持续通过人体的电击，而是静电放电造成的瞬间冲击性的电击，一般不会直接使人致命，但很可能导致因静电电击而坠落的严重二次事故。

3）妨碍生产。在某些生产过程中，如不消除静电，将会妨碍生产或降低产品质量。如造成电子元器件的误动作或电子元器件的损坏。

（2）静电的防护措施

1）静电最为严重的危害是引起爆炸和火灾。因此，静电安全防护主要是对爆炸和火灾的防护。当然，一些防护措施对于防护静电电击和消除影响生产的危害也同样是有效的。

2）控制环境危险程度。对于爆炸性混合物较多的场所，可以采取减少氧化剂含量、取代易燃介质、降低爆炸性物质的浓度等措施控制爆炸和火灾危险性。

3）工艺控制。工艺控制是从工艺上采取适当的措施，限制和避免静电的产生和积累。常用的工艺控制方法有选用合适的工作服材料、降低摩擦速度或流速、增强静电的消散过程。

4）接地和屏蔽。接地是消除静电危害最常见的方法，可采取金属导体直接接地、导电性地面间接接地等方式，把设备上各部分经过接地极与大地连接。静电屏蔽是指用接地的屏蔽罩把带电体与其他物体隔离开，这样带电体的电场将不会影响周围其他物体。

5）增湿。增湿适用于绝缘体上静电的消除。随着湿度的增加，绝缘体表面上形成薄薄的水膜，它能使绝缘体的表面电阻大大降低，加速静电的泄漏。此方法常在纺织工业中用来消除纤维产生的静电。

6）静电中和器。静电中和又叫静电消除器，它能将分子进行电离，产生等量的正、负离子，被送风装置吹到带电体上，与带相反电性的静电进行中和从而达到消除静电的目的，通常用于中和非导体上的静电。按照工作原理和结构的不同，静电中和器大体上可以分为感应式中和器、高压式中和器、放射线式中和器和离子风式中和器。

7）抗静电添加剂。抗静电添加剂是化学药剂，具有良好的导电性或较强的吸湿性，因此，在容易产生静电的高绝缘材料中，加入抗静电添加剂能够降低材料的电阻，加速静电的泄漏。

（3）防静电产品

防静电产品种类很多，在各行各业有着广泛的应用，主要应用于大规模集成电路洁净车间、电子仪器制造车间、军火及易燃易爆的场所、石油化工车间、计算机机房、各类通信机房、医院手术室、麻醉室、氧吧间及其他管线敷设比较集中的场所。常见的防静电产品有静电安全工作台、防静电工作服、防静电腕带、防静电手套等如图1-12所示。

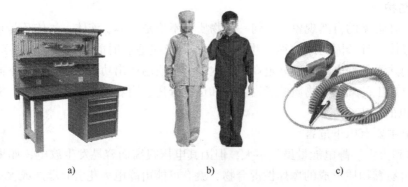

图1-12 常见的静电防护产品

a）静电安全工作台 b）防静电工作服 c）防静电腕带

2. 雷电防护

雷电是一种自然现象，是一部分带电荷的云层与另一部分带异种电荷的云层，或者是带电的云层对大地之间的迅猛放电（如图1-13所示），这种迅猛的放电过程产生强烈的闪电并伴随巨大的声音，当然，云层之间的放电主要对飞行器有危害，对地面上的建筑物和人畜没有太大的影响，然而，云层对大地的放电则对建筑物、电子电气设备和人畜危害很大。

图1-13 雷电

（1）雷电的种类

造成危害的雷电主要有直击雷、感应雷和球雷3种类型。

1）直击雷。直击雷是带电积云接近地面到一定程度时，与地面目标之间的强烈放电。直击雷的每次放电还有先导放电、主放电、余光3个阶段，大约50%的直击雷有重复放电特征，一次直击雷的全部放电时间一般不超过500ms。

2）感应雷。感应雷也称为雷电感应，分为静电感应雷和电磁感应雷。静电感应雷是由于带电积云在架空线路导线或其他导电凸出物顶部感应出大量电荷，在带电积云与其他客体放电后，感应电荷失去束缚，以大电流、高电压冲击波的形式，沿线路导线或导电凸出物极快地传播。电磁感应雷是由于雷电放电时，巨大的冲击雷电流在周围空间产生迅速变化的强磁场，在邻近的导体上产生很高的感应电动势。

3）球雷。球雷是雷电时形成的发出橙光、红光或其他颜色光的火球。球雷出现的概率约为雷电放电次数的2%，其直径多为20cm左右，运动速度约为2m/s或更高一些，存在时间为数秒钟到数分钟。球雷是一团处在特殊状态下的带电气体。在雷雨季节，球雷可能从门、窗、烟囱等通道侵入室内。

（2）雷电的参数

雷电参数是防雷设计的重要依据之一，雷电参数是指雷暴日、雷电流幅值、雷电流陡度、冲击过电压等电气参数。

1）雷暴日是与雷电活动频繁程度相关的参数，采用雷暴日为单位，在一天中只要能听到雷声就算一个雷暴日。一般用年平均雷暴日数来衡量雷电活动的频繁程度，单位为 d/a。雷暴日数越大，说明雷电活动越频繁，山地雷暴日约为平原的 3 倍。我国把年平均雷暴日不超过 15d/a 的地区划为少雷区，超过 40d/a 的地区划为多雷区，在防雷设计时，应考虑当地雷暴日条件。

2）雷电流幅值是指主放电时冲击电流的最大值，其值可达数十至数百千安。

3）雷电流陡度是指雷电流随时间上升的速度，雷电流冲击波波头陡度可达 50kA/μs，平均陡度约为 30kA/μs，雷电流陡度越大，对电气设备造成的危害也越大。

4）雷击时的冲击过电压很高，直击雷冲击电压可高达数千千伏。

（3）雷电的危害

由于雷电具有电流很大、电压很高、冲击性很强的特点，有多方面的破坏作用，且破坏力很大。就其破坏因素来看，雷电主要具有电性质、热性质和机械性质 3 方面的破坏作用。

1）电性质的破坏作用表现在数百万伏乃至更高的冲击电压，可能毁坏发电机等电气设备的绝缘，造成大规模停电。

2）热性质的破坏作用表现在巨大的雷电流通过导体，在极短的时间内转换成大量的热能，导致物品的燃烧和金属熔化、飞溅，从而引起火灾或爆炸。

3）机械性质的破坏作用表现在巨大的雷电通过被击物时，在被击物缝隙中的气体剧烈膨胀，缝隙中的水分也急剧蒸发为大量气体，致使被击物破坏和爆炸。

（4）雷电的防护

避雷针（如图 1-14 所示）、避雷线、避雷网、避雷带、避雷器（如图 1-15 所示）都是经常采用的防雷装置，一套完整的防雷装置包括接闪器、引下线和接地装置，上述的避雷针、避雷线、避雷网、避雷带都只是接闪器，而避雷器是一种专门的防雷装置。

图 1-14　避雷针

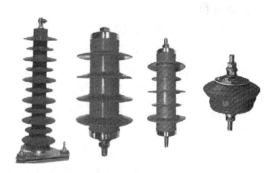

图 1-15　避雷器

- 避雷针一般用镀铸圆钢或钢管制成，分独立避雷针和附设避雷针，主要用来保护露天变电设备、建筑物和构筑物。
- 避雷线一般采用截面积不小于 35mm² 的镀锌钢绞线，主要用来保护电力线路。
- 避雷网和避雷带（如图 1-16 所示）用镀铸圆钢或扁钢制成，主要用来保护建筑物。

● 避雷器并联在被保护设备或设施上，正常时处在不通的状态，出现雷击过电压时，击穿放电，切断过电压，发挥保护作用。过电压终止后，避雷器迅速恢复不通状态，恢复正常工作。避雷器主要用来保护电力设备和电力线路，也用作防止高电压侵入室内的安全措施。

图 1-16　建筑屋顶避雷带安装示意

技 能 训 练

本技能训练需要完成两个任务：

1）以小组为单位，运用所学知识，对教师提供的安全事故案例进行分析。每个小组需要通过查询资料和讨论，找出案例中的事故原因，总结出生活中预防触电的具体措施，组长负责记录讨论结果并进行汇报。

2）在老师的组织下参观学校实训室配电箱的布设情况，记录哪些设计是遵守安全用电原则的。

思考与练习

一、单选题

1. 单相三孔插座的上孔接（　　）。

A. 相线　　　　　　B. 接地线　　　　　　C. 零线　　　　　　D. 零线和地线

2. 电流对人体的伤害可以分为（　　）两种类型。

A. 电击、电伤　　B. 触电、电击　　C. 电伤、电烙印　　D. 触电、电烙印

3. 电线接地时，人体距离接地点越远，跨步电压越低，一般距离接地点（　　），跨步电压可看成零。

A. 20m 以内　　　B. 20m 以外　　　　C. 30m 以内　　　　D. 30m 以外

4. 人体同时接触带电设备或线路中的两相导体时，电流从一相通过人体流入另一相，这种触电现象称为（　　）触电。

A. 单相　　　　　　B. 两相　　　　　　C. 感应电　　　　　D. 跨步

5. 人体对交流电的频率而言，（　　）的交流电对人体伤害最严重。

A. 220Hz　　　　　B. 80Hz　　　　　　C. 50Hz　　　　　　D. 20Hz

高等职业教育系列教材

电工与电路基础

学习工作页

姓名_____

专业_____

班级_____

任课教师_____

机 械 工 业 出 版 社

目　　录

技能训练 1.1

1. 任务单（技能训练 1.1）

学习领域	安全用电	
学习情境	安全用电基础	学时：2 学时
任务描述	1. 以小组为单位，从下列案例中选择其一，运用所学知识，分析案例中哪些做法是错误的，哪些因素导致了事故的发生，并总结预防触电的一些措施 **案例1**：王某家洗衣机锈迹斑斑，放在厨房一角，由于家里没有安装三孔的插座，王某就将其直接接在了两孔插座上，也未出现大问题。有一天，洗衣机突然不转了，王某请来正在学电气专业的小刘进行维修，小刘带来工具后，未曾切断电源就直接拆开洗衣机就用手东摸西摸，突然，小刘身子一颤，倒在洗衣机上。王某吓坏了，跑出门外大喊："有人触电了！"人们赶忙找来医生，赶到现场，切断了电源，小刘经抢救无效，触电身亡。 **案例2**：2004年2月，小冯和小魏从别处搬移一台储水式电热水器安装在承租房屋的卫生间内，热水器使用的插座看上去比较破旧，也无任何标志。在使用过程中，电表箱跳闸，两人就用铜丝代替了熔丝。数日后，小冯在使用电热水器沐浴时不幸触电身亡。 2. 在老师的组织下参观实训室，熟知实训室的使用准则，了解实训室配电箱的电路布设情况	
任务目标	知识目标	● 了解触电的种类 ● 掌握触电导致人体不同伤害程度的影响因素 ● 掌握防止触电的常用措施
	技能目标	● 能够对生活中的安全事故案例进行分析，提高安全用电意识 ● 能够通过实地参观掌握安全用电的原则
	素质目标	● 培养团队合作的能力 ● 培养安全用电意识

2. 材料工具单（技能训练 1.1）

项目	序号	名称	型号	作用	数量
仪器仪表	1				
	2				
耗材	1				
	2				
工具	1				
	2				

3. 实施单（技能训练 1.1）

序号	实施步骤
①	分析案例事故原因：

序号	实施步骤
②	总结生活中避免触电事故的有效措施，小组汇报案例事故的分析结果
③	参观实训室，记录下配电箱中遵循安全用电原则的具体设计

4. 评价单（技能训练 1.1）

姓名：　　　　　　　班级：　　　　第___组　　　　组长签字：

项目	考核要求	配分	评分细则	自评	互评	师评
触电的方式	能判断常见的触电方式	15 分	不能阐述单相触电、两相触电及跨步电压触电的特征，扣 5 分			
电流伤害人体的因素	能正确掌握电流伤害人体的因素	20 分	①不能复述电流的大小对人体知觉的影响，扣 5 分 ②不能准确阐述影响人体伤害程度的因素，扣 5 分			
防止触电的技术措施	能正确掌握安全用电的原则	45 分	① 不认识常见用电警示标识 ② 不认识常见绝缘工具 ③ 不能阐述接地措施的意义 ④ 不能正确说出安全电压等级 ⑤ 不能阐述加装剩余电流动作保护装置的意义 以上每项各扣 5 分			
学习态度与团队协作能力	1）学习态度端正、不迟到、不早退、不旷课 2）能积极地与小组同学合作并完成项目	10 分	①不积极参与团队协作，根据程度扣 1～10 分 ②迟到或早退 1 次，扣 5 分 ③旷课 1 次，扣 10 分			
安全文明操作	1）无人为损坏仪器、元器件和设备的现象 2）保持环境整洁、秩序井然、操作规范	10 分	①违反操作规程，每次扣 5 分 ②离开工作台不关闭电源、不整理工作台，每次扣 5 分			

教师签字：　　　　　　　日期：　　　　　　总分：

5. 教学反馈单（技能训练 1.1）

已经学会的	还未学会的	准备怎样解决	教学建议

技能训练 1.2

1. 任务单（技能训练 1.2）

学习领域	安全用电	
学习情境	触电急救及电气防火措施	学时：2 学时
任务描述	1. 分组模拟心肺复苏技术 2. 排除实训场地可能发生电气火灾的隐患	
任务目标	知识目标	● 掌握触电者脱离电源的具体方法 ● 掌握触电现场急救处理的方法 ● 掌握电气火灾的产生原因和预防方法
	技能目标	● 能够在保证自身安全的前提下对触电者进行正确施救 ● 能够利用所学知识排除身边发生电气火灾的隐患
	素质目标	● 培养团队合作的能力 ● 培养安全用电意识

2. 材料工具单（技能训练 1.2）

项目	序号	名称	型号	作用	数量
仪器仪表	1				
	2				
耗材	1				
	2				
工具	1				
	2				

3. 实施单（技能训练 1.2）

序号	实施步骤
①	根据教师设定的触电事故背景，判断触电者周围环境，正确回答使其脱离电源的方法并记录
②	模拟徒手心肺复苏技术： ①呼叫触电者、轻拍其肩膀，判断意识状况 ②眼看触电者的胸部有无起伏判断呼吸状况 ③用食指和中指指尖触及触电者气管正中部（喉结），旁开两指判断颈动脉搏动状况 ④大声呼救 放置好触电者身体，根据书中介绍的方法寻找按压部位并使用规范的按压手法、按压幅度和按压频率模拟胸外心脏按压方法

序号	实施步骤
②	学生补充：按压位置、幅度和频率的相关数值 采用合适的方法让触电者的呼气道保持畅通 采用书中介绍的方法模拟人工呼吸方法
③	在教师的监护下排除实训场地可能发生电气火灾的隐患，记录这些隐患并写出对应的解决办法
④	如果本实训场地发生了电气火灾，请阐述电气灭火的具体方法
⑤	整理实训现场

4. 评价单（技能训练1.2）

姓名：　　　　　　班级：　　　　　第＿＿＿组　　　　组长签字：

项目	考核要求	配分	评分细则	自评	互评	师评
脱离电源的方法	能正确使触电者脱离电源	10分	①错误评估触电者周围的环境，扣5分 ②未正确使触电者脱离电源，扣5分			
触电现场的急救	能根据触电者的状况正确处理触电现场	50分	①错误判断触电者的意识 ②错误判断触电者的呼吸、颈动脉搏动或者判断时间大于10s ③不能规范模拟胸外心脏按压法 ④不能规范模拟开放气道 ⑤不能规范模拟人工呼吸 ⑥不能在规定的时间完成上述处理 以上每项扣5分			
电气防火措施	能正确掌握电气防火措施	20分	①不能准确排除身边可能发生电气火灾的隐患，扣5分 ②不能正确选用合适的方法进行电气灭火，扣5分			
学习态度与团队协作能力	1）学习态度端正、不迟到、不早退、不旷课 2）能积极地与小组同学合作并完成项目	10分	①不积极参与团队协作，根据程度扣1~10分 ②迟到或早退1次，扣5分 ③旷课1次，扣10分			

项目	考核要求	配分	评分细则	自评	互评	师评
安全文明操作	1）无人为损坏仪器、元件和设备的现象 2）保持环境整洁、秩序井然、操作规范	10分	①违反操作规程，每次扣5分 ②离开工作台不关闭电源、不整理工作台，每次扣5分			
教师签字：		日期：		总分：		

5. 教学反馈单（技能训练1.2）

已经学会的	还未学会的	准备怎样解决	教学建议

技能训练2.1

1. 任务单（技能训练2.1）

学习领域	简易照明电路的分析与制作	
学习情境	常用电子元器件的识别与检测	学时：4学时
任务描述	根据教师提供的元器件及电子产品电路板，辨认出元器件的类型、型号，识读出元器件的主要参数，了解其特点及应用领域，并使用数字万用表检测其性能，将实施步骤和测量数据填写到实施单中	

任务目标	知识目标	● 了解电子元器件的命名方法 ● 了解电子元器件参数获取的途径和方法 ● 掌握数字万用表的使用方法
	技能目标	● 能够识别出给定元器件的类型 ● 能够通过查找资料获取元器件的技术参数 ● 能够使用数字万用表检测元器件的性能
	素质目标	● 培养团队合作的能力 ● 培养解决问题的能力

2. 材料工具单（技能训练2.1）

项目	序号	名称	型号	数量	性能
仪器仪表	1				
	2				

（续）

项目	序号	名称	型号	数量	性能
耗材	1				
	2				
工具	1				
	2				

3. 实施单（技能训练 2.1）

序号	实施步骤
①	识别元器件
②	识别元器件
③	识别元器件
④	识别元器件

根据提供的元器件包进行元器件类别和参数的识读、性能的检测	元器件类别	型号	标志方法	标称值	识读值	元器件符号

备注：根据不同的元器件类别读出不同的参数值，例：固定电阻需要读出标称电阻值/误差/额定功率，而电位器需要读出标称阻值范围。

4. 评价单（技能训练 2.1）

姓名：　　　　班级：　　　　第＿＿组　　　　组长签字：

项目	考核要求	配分	评分细则	自评	互评	师评
元器件类别识别	能正确判断出元器件的类别	20分	①未正确判断元器件的类别，扣5分 ②未画出元器件的电路符号，扣5分			
电阻器的识别	能正确进行电阻器的识别	20分	①不能掌握直标法，扣5分 ②不能掌握色环法，扣5分 ③识别错误，每次扣5分			
电位器的识别	能正确进行电位器的识别	20分	①判断不出阻值变化，扣5分 ②判断不出额定功率，扣5分			
电感器的识别	能正确进行电感器的识别	20分	①不能掌握直标法，扣5分 ②不能掌握色环法，扣5分 ③参数识别错误，每次扣5分			

项目	考核要求	配分	评分细则	自评	互评	师评
学习态度与团队协作能力	1）学习态度端正、不迟到、不早退、不旷课 2）能积极地与小组同学合作并完成项目	10分	①不积极参与团队协作，根据程度扣1~10分 ②迟到或早退1次，扣5分 ③旷课1次，扣10分			
安全文明操作	1）无人为损坏仪器、元器件和设备的现象 2）保持环境整洁、秩序井然、操作规范	10分	①违反操作规程，每次扣5分 ②离开工作台不关闭电源、不整理工作台，每次扣5分			
教师签字：		日期：		总分：		

5. 教学反馈单（技能训练 2.1）

已经学会的	还未学会的	准备怎样解决	教学建议

技能训练 2.2

1. 任务单（技能训练 2.2）

学习领域	简易照明电路的分析与制作	
学习情境	认识电路的基本物理量	学时：4 学时
任务描述	在面包板上搭建简易照明电路，对电路中的电流、电压以及电位等物理量进行测量并分析，在动手中动脑，认知电路的基本物理量，为后续电路原理的学习打好扎实基础	
任务目标	知识目标	● 理解并掌握电流的概念、参考方向和实际方向等特性 ● 理解并掌握电压的概念、参考方向和实际方向等特性 ● 理解并掌握电位的概念以及与电压的区别 ● 理解电流和电压的关联和非关联参考方向的意义
	技能目标	● 能够用数字万用表测量电路的电流和元器件上的电压 ● 能够计算简易照明电路中各元器件的功率 ● 能够判断简易照明电路的电流方向
	素质目标	● 培养团队合作的能力 ● 培养解决问题的能力 ● 培养规范操作的工匠精神

2. 材料工具单（技能训练 2.2）

项目	序号	名称	型号	数量	性能
仪器仪表	1				
	2				
耗材	1				
	2				
工具	1				
	2				
元器件	1				
	2				
	3				

3. 实施单（技能训练 2.2）

序号	实施步骤	
①	**搭建简易照明电路** 在面包板上搭建如图 A-1 所示简易照明电路，检查电路故障并排查，确认无误后对电路上电	
②	**测量并分析电流** 按照图 A-3 用数字万用表测试电路中的电流并读出数据，记为 I。交换表笔，重复测试电流记为 I'，分析这两个数据，说明电流具有什么特点，将数据记录到表 A–1	技能训练 2.2 测量电路电流（仿真）
③	**测量并分析电压** 按照图 A-4 用数字万用表测试电路中电阻两端的电压并读出数据，记为 U_R。交换表笔，重复测试电流记为 U'_R，分析这两个数据，说明电压具有什么特点，将数据记录到表 A–1	技能训练 2.2 测量电压（仿真）
④	**测量并分析电位** 如图 A-5 所示，分别以 A 点、B 点和 C 点作为参考点，用数字万用表测量 A 点、B 点和 C 点的电位 V_A、V_B 和 V_C，记录到表 A–2 中，测量 U_{AB}、U_{BC} 和 U_{AC}。总结参考点的选择对各点电位以及两点间的电压有何影响，将数据记录到表 A-2	技能训练 2.2 测量电位（仿真）
简易照明电路	图 A-1　面包板上搭建的简易照明电路	图 A-2　简易照明电路

基本物理量的测量电路	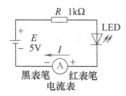 图 A-3　电流的测量电路	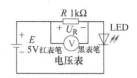 图 A-4　电压的测量电路

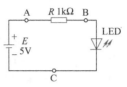

图 A-5　电位的测量电路

根据操作步骤填写测量结果并分析总结

表 A-1　简易照明电路中电流和电压的测量

物理量	I/mA	I'/mA	U_R/V	U'_R/V
测量值				
电流的特点				
电压的特点				
电阻的功率				

表 A-2　简易照明电路中电位的测量　　　　（单位：V）

电位的测量	V_A	V_B	V_C	U_{AB}	U_{BC}	U_{AC}
A 为参考点						
B 为参考点						
C 为参考点						
总结						

4. 评价单（技能训练 2.2）

姓名：		班级：		第___组		组长签字：		

项目	考核要求	配分	评分细则	自评	互评	师评
元器件类别识别	能正确判断出元器件的类别	10 分	①未正确判断元器件的类别，扣5分 ②未画出元器件的电路符号，扣5分			
面包板上电路的搭建	能在面包板上正确地搭建电路	10 分	①错误一处，扣5分 ②电源接错，扣15分 ③连接不规范一处，扣5分			

项目	考核要求	配分	评分细则	自评	互评	师评
电流的测量	能正确进行电流的测量	20分	①不能用万用表测量电流，扣10分 ②不能正确分析电流数据，扣10分			
电压的测量	能正确进行电压的测量	20分	①不能用万用表测量电压，扣10分 ②不能正确分析电压数据，扣10分			
电位的测量	能正确进行电位的测量	20分	①不能用万用表测量电压，扣10分 ②不能正确分析电位数据，扣10分			
学习态度与团队协作能力	1）学习态度端正、不迟到、不早退、不旷课 2）能积极地与小组同学合作并完成项目	10分	①不积极参与团队协作，根据程度扣1~10分 ②迟到或早退1次，扣5分 ③旷课1次，扣10分			
安全文明操作	1）无人为损坏仪器、元器件和设备的现象 2）保持环境整洁、秩序井然、操作规范	10分	①违反操作规程，每次扣5分 ②离开工作台不关闭电源、不整理工作台，每次扣5分			
教师签字：		日期：		总分：		

5. 教学反馈单（技能训练 2.2）

已经学会的	还未学会的	准备怎样解决	教学建议

技能训练 2.3

1. 任务单（技能训练 2.3）

学习领域	简易照明电路的分析与制作	
学习情境	电路模型的建立	学时：2 学时
任务描述	在面包板上搭建简易照明电路，团队合作完成简易照明电路的搭建，分析电路基本组成、工作原理及其工作状态，完成实施单	

任务目标	知识目标	● 掌握电路的概念和电路的基本模型 ● 掌握电路中常见的理想电子元器件的工作原理 ● 理解电路的三种工作状态
	技能目标	● 能够在面包板上搭建简易照明电路 ● 能够对面包板上搭建的电路进行故障排除 ● 能够分析简易照明电路的工作原理
	素质目标	● 培养团队合作的能力 ● 培养解决问题的能力 ● 培养规范操作的工匠精神

2. 材料工具单（技能训练 2.3）

项目	序号	名称	型号	数量	性能
仪器仪表	1				
	2				
耗材	1				
	2				
工具	1				
	2				
元器件	1				
	2				
	3				

3. 实施单（技能训练 2.3）

序号	实施步骤
①	**认识电路模型** 　根据不同的实际电路，画出图 A-7 ~ 图 A-9 对应的电路模型
②	**分析电路模型** 　在面包板上搭建简易照明电路如图 A-6 所示，检查电路故障并排查，确认无误后，U_S 接 5V 直流电源，观察现象，分析电路模型 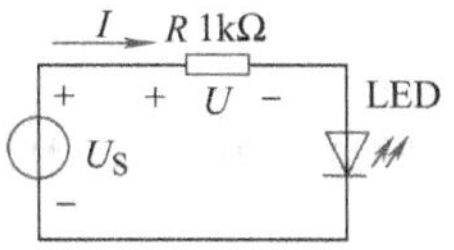 图 A-6　简易照明电路
③	**探究电阻元件伏安特性** 　在电路 U_S 两端接入不同的直流电源电压，探究电路中的电阻元件的伏安特性，并画出伏安特性曲线

序号	实施步骤	
认识电路模型	 图 A-7　实际电路 1	实际电路 1 的电路模型
	 图 A-8　实际电路 2	实际电路 2 的电路模型
	 图 A-9　实际电路 3	实际电路 3 的电路模型
分析电路模型	1. 电路的基本组成有哪些	
	2. 电路接通电源后，现象是什么	
	3. 电路中的实际电流方向是从哪里流向哪里	
	4. 能不能将电源的正极与负极短接起来？为什么	
	5. 正确搭建好电路并接入电源后，LED 灯会_____，这是因为_____，此时电路处于_____状态	
	6. 搭建的电路接入电源后，LED 灯没有亮，请分析有哪些原因会导致这种情况发生	

<table>
<tr><td rowspan="3">探究电阻
元件的
伏安特性</td><td colspan="2">1. 在电路 U_S 两端接入不同的直流电源电压，测量电路的电流 I 和电压 U，记录在下表 A-3 中，分析电阻伏安特性，并画出电路中电阻 R 的伏安特性曲线图</td></tr>
</table>

1. 在电路 U_S 两端接入不同的直流电源电压，测量电路的电流 I 和电压 U，记录在下表 A-3 中，分析电阻伏安特性，并画出电路中电阻 R 的伏安特性曲线图

表 A-3　电阻元件的伏安特性测量

U_S/V	2	3	4	5	6
I/mA					
U/V					

2. 请写出 U、I 和 R 的关系式：_____

3. 简易照明电路中的 U 和 I 的参考方向为_____参考方向

4. 请根据测试结果，在下方画出电阻 R 的伏安特性曲线：

4. 评价单（技能训练 2.3）

姓名：　　　　　　班级：　　　　第___组　　　组长签字：

项目	考核要求	配分	评分细则	自评	互评	师评
元器件类别识别	能正确判断出元器件的类别	10分	①未正确判断元器件的类别，扣5分 ②未画出元器件的电路符号，扣5分			
认识电路模型	能正确认识电路模型	15分	不能正确画出实际电路的电路模型，每次扣5分			
面包板的搭建	能正确地在面包板上搭建简易照明电路	10分	①错误一处，扣5分 ②电源接错，扣10分 ③连接不规范，一处扣5分			
分析电路模型	能正确分析电路模型	30分	分析电路的基本组成、电流参考方向等，错误一处，扣5分			
探究电阻元件	能正确分析电阻元件的伏安特性	15分	①不能正确测量相应参数，扣5分 ②不能正确进行数据分析，扣5分			
学习态度与团队协作能力	1）学习态度端正、不迟到、不早退、不旷课 2）能积极地与小组同学合作并完成项目	10分	①不积极参与团队协作，根据程度扣1~10分 ②迟到或早退1次，扣5分 ③旷课1次，扣10分			
安全文明操作	1）无人为损坏仪器、元件和设备的现象 2）保持环境整洁、秩序井然、操作规范	10分	①违反操作规程，每次扣5分 ②离开工作台不关闭电源、不整理工作台，每次扣5分			
教师签字：		日期：	总分：			

5. 教学反馈单（技能训练2.3）

已经学会的	还未学会的	准备怎样解决	教学建议

技能训练 3.1

1. 任务单（技能训练3.1）

学习领域	MF47 型万用表的分析与安装
学习情境	基尔霍夫定律的探究及应用　　　　　　学时：4 学时

任务描述	在面包板上搭建图 A-10 所示基尔霍夫定律实验电路，根据要求完成相应数据的测量、分析和计算，探究基尔霍夫定律的规律及应用。其中，$R_1 = 300\Omega$，$R_2 = 200\Omega$，$R_3 = 100\Omega$，$U_{S1} = 12V$，$U_{S2} = 4V$	图 A-10　基尔霍夫定律实验电路

任务目标	知识目标	● 理解电路中常用的名词概念 ● 掌握基尔霍夫定律的内容 ● 掌握基尔霍夫定律的适用范围
	技能目标	● 能够正确搭建基尔霍夫定律实验电路 ● 能够正确测量电路的物理量并进行数据分析 ● 能够应用基尔霍夫定律进行电路计算
	素质目标	● 培养数据处理能力 ● 培养创新设计能力 ● 培养分析和解决问题的能力 ● 培养自主探究的能力

2. 材料工具单（技能训练3.1）

项目	序号	名称	型号	数量	性能
仪器仪表	1				
	2				
耗材	1				
	2				

项目	序号	名称	型号	数量	性能
工具	1				
	2				
元器件	1				
	2				
	3				

3. 实施单（技能训练 3.1）

序号	实施步骤
①	**器材准备** 　　根据基尔霍夫实验电路图，将实验中所需元器件、耗材、仪器设备、工具等的型号和数量等参数填写在材料工具单中，并检查元器件性能好坏；将检测结果填写在材料工具单的"性能"一列 　　调试双路直流稳压电源，使其分别输出 $U_{S1}=12\text{V}$，$U_{S2}=4\text{V}$，校准输出电压后关闭电源待用
②	**电路的搭建** 　　根据基尔霍夫实验电路图，在面包板上布局好元器件位置，如图 A-11 所示，并正确搭建电路 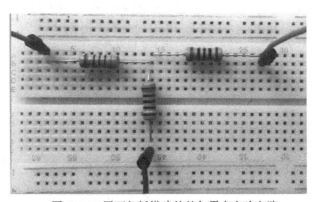 图 A-11　用面包板搭建的基尔霍夫实验电路 技能训练 3.1 KVL 验证（仿真） 技能训练 3.1 KCL 验证（仿真）
③	**数据测量** 　　检查电路连接是否正确 　　对照实验原理图，在搭建好的实际电路上找出对应的 A～D 点，并做好标记 　　打开电源，电路通电 　　完成表 A-4 所示数据的测量，并做好记录填入表中

表 A-4　基尔霍夫定律的探究及应用数据

被测量	I_1/mA	I_2/mA	I_3/mA	U_{AB}/V	U_{BC}/V	U_{CD}/V	U_{BD}/V	U_{AD}/V
测量值								
计算值								

④	数据处理： 根据实验数据，选定实验电路中的任一节点，总结 I_1、I_2 及 I_3 的电流关系 根据实验数据，选定实验电路中的任一闭合回路，总结出回路中各元器件电压所遵循的规律 写出基尔霍夫定律的内容 列出求解电压 U_{AC} 的电压方程，并根据实验数据求出它的数值 计算基尔霍夫实验电路图中各支路电流及元件两端的电压，并填入上面表格中
⑤	写出本次实验过程中遇到的电路故障及解决方法，总结排除故障的体会
⑥	整理工作台

4. 评价单（技能训练3.1）

姓名：　　　　　　　班级：　　　　　第___组　　　组长签字：

项目	考核要求	配分	评分细则	自评	互评	师评
器材准备	能根据电路图正确选择元器件、仪器设备、耗材、工具等	15分	①选错元器件，每只扣3分 ②元器件漏检、错检，每只扣3分 ③导线未检测，每只扣3分 ④未正确设置电源输出电压，扣3分			
电路的连接	能根据电路原理图正确搭建电路	20分	①元器件布局不合理，扣5分 ②不能正确连接电路，扣5分			
电路参数的测量	能正确测量电路中的参数	25分	①不能排除电路故障，扣5分 ②不能正确测量各电压及电流，扣5分 ③未记录测量数据，扣5分			
数据的处理	能根据要求正确处理数据	20分	①未完成数据的分析和总结，扣5分 ②未完成数据的计算，扣5分			
学习态度与团队协作能力	1）学习态度端正、不迟到、不早退、不旷课 2）能积极地与小组同学合作并完成项目	10分	①不积极参与团队协作，根据程度扣1~10分 ②迟到或早退1次，扣5分 ③旷课1次，扣10分			
安全文明操作	1）无人为损坏仪器、元件和设备的现象 2）保持环境整洁、秩序井然、操作规范	10分	①违反操作规程，每次扣5分 ②离开工作台不关闭电源、不整理工作台，每次扣5分			
教师签字：		日期：	总分：			

5. 教学反馈单（技能训练 3.1）

已经学会的	还未学会的	准备怎样解决	教学建议

技能训练 3.2

1. 任务单（技能训练 3.2）

学习领域	MF47 型万用表的分析与安装	
学习情境	电阻串、并联电路等效变换	学时：4 学时
任务描述	分别在面包板上搭建电阻串联实验电路和电阻并联实验电路，如图 A-12 和图 A-13 所示。根据要求完成相应数据的测量、计算和分析，总结出电阻串、并联电路的特点。其中，$R_1 = 100\Omega$，$R_2 = 200\Omega$，$R_3 = 300\Omega$	
任务描述	图 A-12　电阻串联实验电路　　　图 A-13　电阻并联实验电路	
任务目标	知识目标	● 认识电阻串、并联电路的连接方式 ● 掌握电阻串、并联电路的特点 ● 掌握串、并联电路的应用
	技能目标	● 能够正确选择元器件并检测元器件性能 ● 能够在面包板上搭建串、并联电路 ● 能够正确测量电路中基本物理量 ● 能够利用串、并联等效变换计算电路参数
	素质目标	● 培养数据分析和处理能力 ● 培养解决问题的能力

2. 材料工具单（技能训练 3.2）

项目	序号	名称	型号	数量	性能
仪器仪表	1				
	2				

项目	序号	名称	型号	数量	性能
耗材	1				
	2				
工具	1				
	2				
元器件	1				
	2				

3. 实施单（技能训练 3.2）

序号	实施步骤
①	器材准备 　根据电阻串、并联实验电路图，将实验中所需元器件、耗材、仪器设备、工具的型号、数量等参数填写在材料工具单中，并检查元器件性能好坏；将检测结果填写在材料工具单的"性能"一列
②	调试电源：调试直流稳压电源，使其输出电压为 U_S
③	电路的搭建 　根据电阻串联实验电路图（图 A-12），在面包板上布局好元器件位置，并正确搭建电路，如图 A-14 所示 图 A-14　面包板搭建的电阻串联电路 技能训练 3.2 电阻串联测试（仿真）
④	数据记录：闭合开关 S，完成表 A-5 中数据的测量和计算

表 A-5　电阻串联电路数据

U_S	测量参数				理论计算				
	U_1/V	U_2/V	U_3/V	I/mA	R/Ω	P_1/W	P_2/W	P_3/W	P/W
3V									
6V									

序号	实施步骤
⑤	根据以上数据总结出电阻串联电路以下特点： U 与 U_1、U_2、U_3 的关系→ R 与 R_1、R_2、R_3 的关系→ P 与 P_1、P_2、P_3 的关系→ 串联总电阻比任何分电阻都_____，分电阻越大，分得的电压越_____

⑥	重复步骤②③，按照图 A-15 电阻并联实验电路图连接电路，闭合开关 S，完成表 A-6 数据的测量和计算 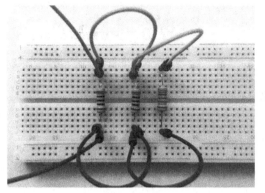 图 A-15　面包板搭建电阻并联电路	 技能训练 3.2 电阻并联测试（仿真）

表 A-6　电阻并联电路数据

U_S	测量参数				理论计算				
	I_1/mA	I_2/mA	I_3/mA	I/mA	R/Ω	P_1/W	P_2/W	P_3/W	P/W
3 V									
6 V									

⑦	根据以上数据总结出电阻并联电路以下特点： I 与 I_1、I_2、I_3 的关系→ R 与 R_1、R_2、R_3 的关系→ P 与 P_1、P_2、P_3 的关系→ 并联总电阻比任何电阻都_____，分电阻越大，分得的电流越_____
⑧	整理工作台

4. 评价单（技能训练 3.2）

姓名：		班级：	第___组	组长签字：			
项目	考核要求	配分	评分细则		自评	互评	师评
器材准备	能根据电路图正确选择元器件、仪器设备、耗材、工具等	15 分	①选错元器件，每只扣 3 分 ②元器件漏检、错检，每只扣 3 分 ③导线未检测，每只扣 3 分 ④未正确设置电源输出电压，扣 3 分				
电路的搭建	能按照原理图正确搭建电路	25 分	①元器件布局不合理，扣 5 分 ②电路的连接不正确，扣 5 分				
电路参数的测试	能根据要求正确测试电路参数	20 分	①不能排除电路故障，扣 5 分 ②不能正确测量电路参数，扣 5 分 ③未记录测量数据，扣 5 分				

项目	考核要求	配分	评分细则	自评	互评	师评
数据的分析与总结	能按照要求对测量数据进行分析	15 分	①未完成数据的分析和总结，扣5 分 ②未完成数据的计算，扣 5 分			
学习态度与团队协作能力	1）学习态度端正、不迟到、不早退、不旷课 2）能积极地与小组同学合作并完成项目	10 分	①不积极参与团队协作，根据程度扣 1～10 分 ②迟到或早退 1 次，扣 5 分 ③旷课 1 次，扣 10 分			
安全文明操作	1）无人为损坏仪器、元件和设备的现象 2）保持环境整洁、秩序井然、操作规范	10 分	①违反操作规程，每次扣 5 分 ②离开工作台不关闭电源、不整理工作台，每次扣 5 分			
教师签字：		日期：		总分：		

5. 教学反馈单（技能训练 3.2）

已经学会的	还未学会的	准备怎样解决	教学建议

技能训练 3.3

1. 任务单（技能训练 3.3）

学习领域	MF47 型万用表的分析与安装	
学习情境	常用电路分析方法	学时：4 学时
任务描述	在面包板上搭建叠加定理实验电路，按要求分别测试 U_{S1} 和 U_{S2} 共同作用、U_{S1} 单独作用、U_{S2} 单独作用时的支路电流和元器件两端的电压，将测量数据记录在规定的表格中，并验证叠加定理	
任务目标	知识目标	● 掌握复杂电路的基本分析方法 ● 掌握各电路分析方法的应用条件
	技能目标	● 能够利用复杂电路的分析方法进行电路计算 ● 能够在面包板上正确搭建叠加定理实验电路 ● 能够正确测量电路的数据并进行分析
	素质目标	● 培养解决问题的能力 ● 培养自主学习的能力 ● 培养自主创新能力

2. 材料工具单（技能训练3.3）

项目	序号	名称	型号	数量	性能
仪器仪表	1				
	2				
耗材	1				
	2				
工具	1				
	2				
元器件	1				
	2				
	3				

3. 实施单（技能训练3.3）

序号	实施步骤
叠加定理实验电路图	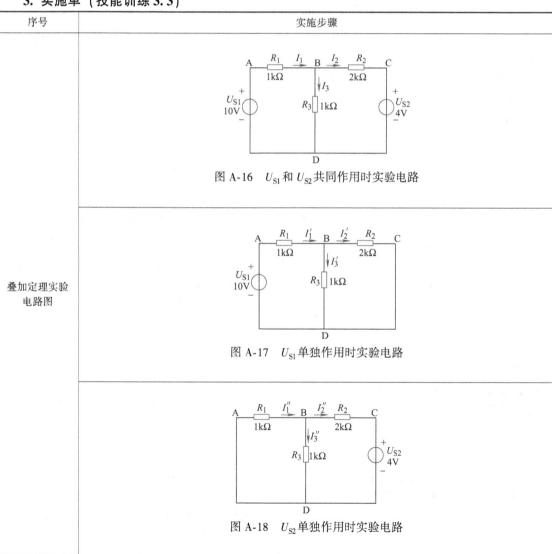 图 A-16　U_{S1} 和 U_{S2} 共同作用时实验电路 图 A-17　U_{S1} 单独作用时实验电路 图 A-18　U_{S2} 单独作用时实验电路

序号	实施步骤
①	器材准备 　根据叠加定理实验电路图，将实验中所需元器件、耗材、仪器设备、工具的型号和数量等参数填写在材料工具单中，并检查元器件性能好坏；将检测结果填写在材料工具单的"性能"一列 　调试双路直流稳压电源，使其分别输出 $U_{S1}=10V$，$U_{S2}=4V$，校准输出电压后关闭电源待用
②	电路的搭建 　根据 U_{S1} 和 U_{S2} 共同作用时实验电路图（图 A-16），在面包板上布局好元器件位置，并正确搭建电路
③	数据的测量与计算 　测量 I_1、I_2、I_3、U_{AB}、U_{BC}、U_{BD} 的数据并填入下面表 A-7 中 　分别计算元件 R_1、R_2、R_3 的功率 P_1、P_2、P_3，依次填入表 A-7 中

表 A-7　叠加定理测量数据表

参数	测量值						计算值		
	I_1/mA	I_2/mA	I_3/mA	U_{AB}/V	U_{BC}/V	U_{BD}/V	P_1/mW	P_2/mW	P_2/mW
U_{S1}、U_{S2} 共同作用									
U_{S1} 单独作用									
U_{S2} 单独作用									
叠加定理验证									

序号	实施步骤
④	U_{S1} 单独作用 　根据 U_{S1} 单独作用时实验电路图改造电路，重复步骤③，并将测量数据和计算数据记入表中
⑤	U_{S2} 单独作用 　根据 U_{S2} 单独作用时实验电路图改造电路，重复步骤③，并将测量数据和计算数据记入表中
⑥	数据分析 　根据表中的测量数据和计算数据，总结 U_{S1} 和 U_{S2} 共同作用、U_{S1} 单独作用、U_{S2} 单独作用时的支路电流、支路电压和功率的特点，总结叠加定理的使用条件，同时完成表中所有数据的填写
⑦	记录问题：记录任务实施过程中遇到的问题及解决办法
⑧	整理工作台

4. 评价单（技能训练3.3）

姓名：		班级：		第___组	组长签字：		
项目	考核要求	配分	评分细则		自评	互评	师评
器材准备	能根据电路图正确选择元器件、仪器设备、耗材、工具等	15分	①选错元器件，每只扣3分 ②元器件漏检、错检，每只扣3分 ③导线未检测，每只扣3分 ④未正确设置电源输出电压，扣3分				

项目	考核要求	配分	评分细则	自评	互评	师评
电路的搭建	能根据电路原理图正确搭建电路	20 分	①元器件布局不合理，扣 5 分 ②电路错连，每处扣 5 分			
电路参数的测量	能正确测量电路中的参数	25 分	①不能排除电路故障，扣 5 分 ②未正确测量各电压及电流，扣 5 分 ③未记录测量数据，扣 5 分			
数据的处理	能根据要求计算和分析数据	20 分	①未完成数据的计算，扣 5 分 ②未完成数据的分析，扣 5 分			
学习态度与团队协作能力	1）学习态度端正、不迟到、不早退、不旷课 2）能积极地与小组同学合作并完成项目	10 分	①不积极参与团队协作，根据程度扣 1~10 分 ②迟到或早退 1 次，扣 5 分 ③旷课 1 次，扣 10 分			
安全文明操作	1）无人为损坏仪器、元器件和设备的现象 2）保持环境整洁、秩序井然、操作规范	10 分	①违反操作规程，每次扣 5 分 ②离开工作台不关闭电源、不整理工作台，每次扣 5 分			
教师签字：		日期：	总分：			

5. 教学反馈单（技能训练 3.3）

已经学会的	还未学会的	准备怎样解决	教学建议

技能训练 3.4

1. 任务单（技能训练 3.4）

学习领域	MF47 型万用表的分析与安装	
学习情境	MF47 型万用表的安装与调试	学时：4 学时
任务描述	根据安装指导书完成 MF47 型万用表的安装、调试、应用及功能分析	

任务目标	知识目标	● 熟悉万用表的结构 ● 掌握指针式万用表主要档位的测量原理
	技能目标	● 能够正确识别和检测万用表电路中的元器件 ● 能够完成万用表的安装 ● 能够排除万用表电路的典型故障
	素质目标	● 培养复杂电路的识读能力 ● 培养严谨认真的工作态度 ● 培养自主探究的精神

2. 材料工具单（技能训练3.4）

项目	序号	名称	型号	数量	性能
仪器仪表	1				
	2				
耗材	1				
	2				
工具	1				
	2				
元器件	1				
	2				
	3				

3. 实施单（技能训练3.4）

序号	实施步骤
①	器材准备 　根据 MF47 型万用表安装指导书，将实训中所需元器件及导线的型号、规格和数量填写在材料工具单中 　打开元件包，根据 MF47 万用表套件中的材料清单认识并清点元器件 　检测元件的性能，并将检测结果填写在材料工具单中 　在练习板上进行手工焊接技能的训练，直至合格
②	元件的安装与焊接 　对照电路原理图和装配图，将万用表元器件按照"先低后高，先小后大，先轻后重，先易后难，先一般元器件"的工艺原则插装在电路板对应的位置 　检查元件安装位置的正确性，依次将安装好的元件进行焊接 　检测元件焊接的合格性，剪去焊面 0.5～1mm 以上的多余引脚
备注：可调电位器、4 根表笔插座、晶体管测量底座安装在电路板的焊接面	
③	产品的组装 　组装转换装置、焊接好的电路板、表头、电池、机械后盖等装置

序号	实施步骤
④	整机的调试 将万用表选至最小电流档0.25V/50μ处，调试正负插座两端电阻4.9~5.1kΩ 对基本调试正常的万用表，依次检测直流电流档、直流电压档、交流电压档、直流电阻档的功能 排除调试过程中出现的故障
⑤	分析总结 为什么电阻档的零位是在表盘的右边，其余档的零位与它相反 总结万用表的组装与调试过程中遇到的故障及解决方法
⑥	整理工作台

4. 评价单（技能训练3.4）

姓名：		班级：		第___组		组长签字：		
项目	考核要求	配分	评分细则			自评	互评	师评
准备工作	能对照 MF47 万用表安装指导书作好元器件、仪器设备、耗材、工具等准备工作	15 分	①器材选择错误，扣3分 ②未清点元器件，扣3分 ③元器件漏检、错检，每只扣3分 ④未练习焊接技能，扣3分					
元件的安装与焊接	能将元器件正确安装在线路板对应的位置并焊接	35 分	①元器件成形错误 ②元器件安装位置错误 ③同类型元器件高低不一致 ④出现虚焊、桥焊等不良焊点 ⑤元器件的引脚剪切不合格 以上每处扣5分					
产品的组装	能将表头、电路板和测量机构的其他配件正确组装起来	15 分	①表头或电池线连接错误 ②测量机构的配件组装不正确 以上每处扣5分					
整机的调试	能依次检测万用表主要测量档位的功能	15 分	①不能完成测量档位的功能检测，扣5分 ②不能排除电路中的典型故障，扣5分					
学习态度与团队协作能力	1）学习态度端正、不迟到、不早退、不旷课 2）能积极地与小组同学合作并完成项目	10 分	①不积极参与团队协作，根据程度扣1~10分 ②迟到或早退1次，扣5分 ③旷课1次，扣10分					

项目	考核要求	配分	评分细则	自评	互评	师评
安全文明操作	1）无人为损坏仪器、元器件的现象 2）保持环境整洁、秩序井然、操作规范	10 分	①违反操作规程，每次扣 5 分 ②离开工作台不关闭电源、不整理工作台，每次扣 5 分			
教师签字：		日期：		总分：		

5. 教学反馈单（技能训练 3.4）

已经学会的	还未学会的	准备怎样解决	教学建议

技能训练 4.1

1. 任务单（技能训练 4.1）

学习领域	LED 延时控制电路的分析与制作	
学习情境	电路的暂态过程及换路定律	学时：2 学时
任务描述	在面板上搭建 LED 延时控制电路 1. 将开关从电路的 B 点拨到 A 点，此时构成电容充电回路，分析 LED_1 的变化情况 2. 将开关从电路的 B 点拨到 A 点，此时构成电容放电回路，分析 LED_2 的变化情况	
任务目标	知识目标	● 认识电容的充放电回路 ● 理解电路的暂态过程 ● 掌握一阶电路的换路定律
	技能目标	● 能够用面包板搭建 LED 延时充放电回路 ● 能够分析电路充放电造成的延时现象
	素质目标	● 培养团队合作的能力 ● 培养解决问题的能力

2. 材料工具单（技能训练 4.1）

项目	序号	名称	型号	数量	性能
仪器仪表	1				
	2				

项目	序号	名称	型号	数量	性能
耗材	1				
	2				
工具	1				
	2				
元器件	1				
	2				
	3				

3. 实施单（技能训练4.1）

序号	实施步骤
①	按照LED延时控制电路图在面包板上搭建电路
②	检查电路故障并排查
③	确认无误后对电路上电，将SW_1从B点拨到A点，观察电路现象，分析电路工作原理
④	将SW_1从A点拨到B点，观察电路现象，分析电路工作原理

搭建电路图

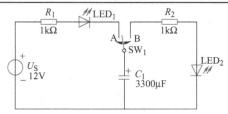

图A-19　LED延时控制电路

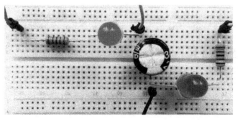

图A-20　面包板搭建的LED延时控制电路

技能训练4.1
LED延时控制电路（仿真）

根据操作步骤填写结果并分析

开关SW_1的操作	LED_1现象（从B点拨到A点）/ LED_2现象（从A点拨到B点）	电容C_1处于_____状态
从B点拨到A点		
从A点拨到B点		

开关SW_1的操作	电容C_1两端电压的变化过程	电路中电流的变化过程
从B点拨到A点		
从B点拨到A点		

备注：当开关从B点拨到A点之前，务必要将电容上的储能释放完

4. 评价单（技能训练 4.1）

姓名：		班级：		第___组		组长签字：		
项目	考核要求	配分	评分细则			自评	互评	师评
直流稳压电源的使用	操作规范、熟练、安全	20 分	①不能正确输出直流稳压电源规定电压，扣 10 分 ②操作不规范，扣 5 分					
面包板电路的搭建	面包板电路实现功能	30 分	①错误一处，扣 5 分 ②电源接错，扣 5 分 ③连接不规范，一处扣 5 分					
数据测量及分析	会测量并分析数据	40 分	①不能正确测量数据，每项扣 5 分 ②不能正确分析数据及现象，每项扣 5 分					
学习态度与团队协作能力	1）学习态度端正、不迟到、不早退、不旷课 2）能积极地与小组同学合作并完成项目	10 分	①不积极参与团队协作，根据程度扣 1~10 分 ②迟到或早退 1 次，扣 5 分 ③旷课 1 次，扣 10 分					
安全文明操作	1）无人为损坏仪器、元器件和设备的现象 2）保持环境整洁、秩序井然、操作规范	10 分	①违反操作规程，每次扣 5 分 ②离开工作台不关闭电源、不整理工作台，每次扣 5 分					
教师签字：		日期：		总分：				

5. 教学反馈单（技能训练 4.1）

已经学会的	还未学会的	准备怎样解决	教学建议

技能训练 4.2

1. 任务单（技能训练 4.2）

学习领域	LED 延时控制电路的分析与制作	
学习情境	一阶电路暂态过程的分析	学时：4 学时

任务描述	在面板上搭建 LED 延时控制电路电路。 1. 开关从 B 点拨到 A 点，此时构成电容充电回路，在示波器上捕捉电容的充电波形图，并标出时间常数 τ 在波形中的位置，与理论值进行比较分析 2. 开关从 A 点拨到 B 点，此时构成电容放电回路，在示波器上捕捉电容的放电波形图，并标出时间常数 τ 在波形中的位置，与理论值进行比较分析	
任务目标	知识目标	● 理解一阶 RC 电路的零状态响应 ● 理解一阶 RC 电路的零输入响应 ● 掌握一阶 RC 电路的电容充放电原理
	技能目标	● 能够用面包板搭建 LED 延时充放电回路 ● 能够使用示波器捕捉电容的充放电波形图
	素质目标	● 培养团队合作的能力 ● 培养解决问题的能力

2. 材料工具单（技能训练 4.2）

项目	序号	名称	型号	数量	性能
仪器仪表	1				
	2				
	3				
耗材	1				
	2				
工具	1				
	2				
元器件	1				
	2				
	3				

3. 实施单（技能训练 4.2）

序号	实施步骤
①	按照 LED 延时控制电路图在面包板上搭建电路
②	检查电路故障并排查
③	确认无误后对电路上电，将 SW_1 从 B 点拨到 A 点，用数字示波器捕捉电容 C_1 两端的充电波形；分析示波器的波形，得出实际测量的充电时间常数
④	将 SW_1 从 A 点拨到 B 点，用数字示波器捕捉电容 C_1 两端的放电波形；分析示波器的波形，得出实际测量的放电时间常数

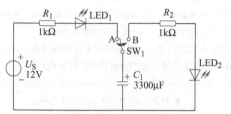

图 A-21　LED 延时控制电路

搭建电路图

技能训练 4.2
LED 延时控制
电路波形（仿真）

图 A-22　面包板搭建的 LED 延时控制电路

根据操作步骤填写结果并分析	电容的充电波形图	电容的放电波形图
	实际 $\tau =$	实际 $\tau =$
	理论 $\tau =$	理论 $\tau =$
	误差分析：	误差分析：
	简答：可以调节电路中哪些元器件参数来改变电路的时间常数	

备注：当开关从 B 点拨到 A 点之前，务必要将电容上的储能释放完

4. 评价单（技能训练 4.2）

姓名：		班级：		第___组		组长签字：		
项目	考核要求	配分	评分细则			自评	互评	师评
直流稳压电源的使用	操作规范、熟练、安全	20分	①不能正确使用直流稳压电源输出规定电压，扣20分 ②操作不规范，扣5分					
数字示波器的使用	操作规范、熟练、安全	20分	①不能正确使用示波器显示波形，扣20分 ②操作不规范，扣5分					
面包板电路的搭建	面包板电路实现功能	10分	①错误一处，扣5分 ②电源接错，扣5分 ③连接不规范，一处扣5分					

项目	考核要求	配分	评分细则	自评	互评	师评
数据测量及分析	会测量并分析数据	40分	①不能正确测量数据，每项扣5分 ②不能正确分析数据及现象，每项扣5分 ③不能正确画出充放电波形，每项扣5分			
学习态度与团队协作能力	1）学习态度端正、不迟到、不早退、不旷课 2）能积极地与小组同学合作并完成项目	10分	①不积极参与团队协作，根据程度扣1~10分 ②迟到或早退1次，扣5分 ③旷课1次，扣10分			
安全文明操作	1）无人为损坏仪器、元器件和设备的现象 2）保持环境整洁、秩序井然、操作规范	10分	①违反操作规程，每次扣5分 ②离开工作台不关闭电源、不整理工作台，每次扣5分			
教师签字：		日期：		总分：		

5. 教学反馈单（技能训练4.2）

已经学会的	还未学会的	准备怎样解决	教学建议

技能训练5.1

1. 任务单（技能训练5.1）

学习领域	家庭配电箱的设计与安装	
学习情境	正弦交流电的认识	学时：2学时
任务描述	观察示波器"标准信号"波形，并使用示波器测量信号发生器输出信号的参数，观察正弦信号的特点，完成实施单的实施步骤及数据测量和分析	

任务目标	知识目标	<ul><li>了解正弦交流电的特点</li><li>掌握正弦交流电的三要素</li><li>了解相位差的含义</li><li>了解复数的不同表达形式和基本运算规则</li><li>掌握正弦量的相量表示方法</li></ul>
	技能目标	<ul><li>会使用函数信号发生器</li><li>会使用示波器调试正弦波形并阅读参数</li></ul>
	素质目标	<ul><li>培养团队合作的能力</li><li>培养解决问题的能力</li><li>培养组织沟通能力</li></ul>

2. 材料工具单 （技能训练 5.1）

项目	序号	名称	型号	数量	性能
仪器仪表	1				
	2				
工具	1				
	2				

3. 实施单 （技能训练 5.1）

序号	实施步骤	参考资源
①	观察示波器 "标准信号" 波形 　将 CH1 或 CH2 测试线（红色夹子）接到示波器 CAL "输出端"。黑色夹子接到 "接地端"，按下 "Auto" 按钮，波形稳定后，读该 "标准信号" 的峰值与周期。峰值＿＿＿＿周期＿＿＿＿	
②	测量信号发生器输出信号的参数 　将信号发生器 CH1 输出频率调为 $f=1\text{kHz}$，波形选择正弦波。初相为 0，电压峰值为 4V，将该输出信号接入示波器，观察波形并记录电压、频率大小	
③	分别改变信号发生器的频率和正弦波信号幅度的大小，观察波形并记录电压、频率大小	
④	数据记录 　令信号发生器输出幅度为 2V 的正弦波，改变信号发生器输出正弦波的频率，将数据记录到表 A-8 中 　令信号发生器输出频率为 2kHz 的正弦波，改变信号发生器输出正弦波的幅度，将数据记录到表 A-9 中	

表 A-8　正弦交流电的认识（改变频率）

信号发生器 输出信号	频率/kHz	1	2	3	4	5	6
	幅值/V	2	2	2	2	2	2
示波器测量信号	频率/kHz						
	幅值/V						

表 A-9　正弦交流电的认识（改变幅度）

信号发生器 输出信号	频率/kHz	2	2	2	2	2	2
	幅值/V	1	1.5	2	2.5	3	3.5
示波器测量信号	频率/kHz						
	幅值/V						
⑤	数据分析 通过对示波器波形进行观察，讨论有哪些因素可以表征正弦信号的特点						

4. 评价单（技能训练 5.1）

姓名：			班级：	第＿＿组		组长签字：		
项目	考核要求	配分	评分细则			自评	互评	师评
观察示波器"标准信号"波形	能够读出"标准信号"的峰值和周期	20 分	①不能正确读出"标准信号"的峰值，扣 5 分 ②不能正确读出"标准信号"的周期，扣 5 分					
测量信号发生器输出信号的参数	能正确测量信号发生器输出信号的参数	30 分	①不能正确读出信号发生器输出信号的电压，扣 5 分 ②不能正确读出信号发生器输出信号的频率，扣 5 分					
分别改变信号发生器的频率和大小	能调整信号发生器的频率和大小并用示波器读出	30 分	①不能调整信号发生器输出信号的频率和大小，扣 5 分 ②不能正确读出信号发生器输出信号的电压，扣 5 分 ③不能正确读出信号发生器输出信号的频率，扣 5 分					
学习态度与团队协作能力	1）学习态度端正、不迟到、不早退、不旷课 2）能积极地与小组同学合作并完成项目	10 分	①不积极参与团队协作，根据程度扣 1～10 分 ②迟到或早退 1 次，扣 5 分 ③旷课 1 次，扣 10 分					
安全文明操作	1）无人为损坏仪器、元器件的现象 2）保持环境整洁、秩序井然、操作规范	10 分	①违反操作规程，每次扣 5 分 ②离开工作台不关闭电源、不整理工作台，每次扣 5 分					
教师签字：			日期：		总分：			

5. 教学反馈单（技能训练5.1）

已经学会的	还未学会的	准备怎样解决	教学建议

技能训练5.2

1. 任务单（技能训练5.2）

学习领域	家庭配电箱的设计与安装	
学习情境	单一参数的交流电路	学时：2学时
任务描述	在仿真软件 Proteus 中按照单一参数交流电路的仿真电路图构建电路，设置正弦输入量为10V，频率为1kHz，初相位为0°。由于不能直接用示波器观测电流的波形，因此在电路中串联一个 R_2 用来作为测量回路电流的标准电阻，流过被测元件的电流可由 R_2 两端的电压除以 R_2 得到，串联阻值很小对电路的影响可忽略不计。当开关 S_1、S_2、S_3 分别闭合时，通过交流电流表和交流电压表可测得被测元件两端电压的有效值及流过该元件电流的有效值，通过示波器观察被测元件电压和电流之间的相位差 图 A-23　单一参数交流电路的仿真测试电路图	

任务目标	知识目标	● 了解单一参数交流电路的定义 ● 掌握单一参数交流电路中电压与电流的关系 ● 了解单一参数交流电路中的功率
	技能目标	● 会使用仿真软件搭建单一参数交流电路图 ● 会使用虚拟示波器调试阅读相关参数
	素质目标	● 培养团队合作的能力 ● 培养解决问题的能力 ● 培养组织沟通能力

2. 材料工具单（技能训练 5.2）

项目	序号	名称	型号	作用	数量
虚拟仪器仪表	1				
	2				
	3				
	4				
元器件	1				
	2				
	3				
	4				
	5				

3. 实施单（技能训练 5.2）

序号	实施步骤
①	搭建仿真电路
②	单一参数交流电路频率特性仿真测试
③	记录仿真数据于表 A-10 中

表 A-10　单一参数的交流电路测量数据

频率/kHz	纯电阻电路阻抗频率特性			纯电感电路阻抗频率特性			纯电容电路阻抗频率特性		
	U_R/V	I_R/mA	R/kΩ	U_L/V	I_L/mA	X_L/kΩ	U_C/V	I_C/mA	X_C/kΩ
1									
5									
10									
15									
20									

序号	实施步骤
④	通过计算得到各频率点的 R、X_L 和 X_C 的值
⑤	阻抗频率特性分析
⑥	相位关系仿真测试与分析

第___组	团队成员：

教师签字：	组长签字：	日期：

4. 评价单（技能训练5.2）

姓名：		班级：		第___组			组长签字：		
项目	考核要求	配分	评分细则				自评	互评	师评
搭建电路并设置参数	能够正确选择搭建电路所需要的元件并设置参数	20分	① 不能正确选择元器件，扣5分 ② 不能正确设置参数，扣5分 ③不能正确进行电路连接，扣5分						
选择万用表和示波器	根据需要正确选择万用表和示波器进行连接，并完成相应设置	15分	①不能正确选择电压表、电流表和示波器，扣5分 ②不能正确连接电压表、电流表和示波器，扣5分 ③ 不能正确设置电压表、电流表和示波器，扣5分						
仿真并记录参数	能够正确读出仿真参数并根据需要进行记录	25分	① 不能正确读出仿真参数，扣5分 ② 不能正确记录仿真参数，扣5分						
计算相应参数并完成数据分析	能够根据需要对测试参数进行计算处理，并对测试数据进行合理分析	20分	① 不能正确计算相应参数，扣5分 ② 不能正确进行数据分析，扣5分						
学习态度与团队协作能力	1）学习态度端正、不迟到、不早退、不旷课 2）能积极地与小组同学合作并完成项目	10分	①不积极参与团队协作，根据程度扣1~10分 ②迟到或早退1次，扣5分 ③旷课1次，扣10分						
安全文明操作	1）无人为损坏仪器、元器件的现象 2）保持环境整洁、秩序井然、操作规范	10分	①违反操作规程，每次扣5分 ②离开工作台不关闭电源、不整理工作台，每次扣5分						
教师签字：		日期：		总分：					

5. 教学反馈单（技能训练5.2）

已经学会的	还未学会的	准备怎样解决	教学建议

技能训练 5.3

1. 任务单（技能训练 5.3）

学习领域	家庭配电箱的设计与安装	
学习情境	*RLC* 串联交流电路	学时：4 学时
任务描述	在仿真软件 Proteus 中按照图 A-24 *RLC* 仿真测试原理图构建电路，设置正弦输入量为 10V，频率为 1kHz，初相位为 0°。通过实验完成以下测试： 1）*RLC* 电路的电压和电流的关系； 2）*RLC* 电路的相位关系 图 A-24　*RLC* 仿真测试原理图	

任务目标	知识目标	● 了解 *RLC* 串联交流电路的定义 ● 掌握 *RLC* 串联交流电路中电压与电流的关系 ● 了解 *RLC* 串联交流电路中的功率
	技能目标	● 会使用仿真软件搭建 *RLC* 串联交流电路图 ● 会使用虚拟示波器调试阅读相关参数
	素质目标	● 培养团队合作的能力 ● 培养解决问题的能力 ● 培养组织沟通能力

2. 材料工具单（技能训练 5.3）

项目	序号	名称	型号	作用	数量
虚拟仪器仪表	1				
	2				
	3				
元器件	1				
	2				
	3				

3. 实施单（技能训练 5.3）

序号	实施步骤
①	搭建图 A-24 仿真电路
②	测量 RLC 电路中电压与电流的大小关系
③	记录测量数据于表 A-11 中

表 A-11　RLC 串联交流电路数据表

序号	U/V	$R/k\Omega$	L/mH	$C/\mu F$	I/mA
1					
2					
3					
4					
5					

序号	实施步骤
④	改变电容和电感值，测量 RLC 交流电路的相位关系
⑤	数据分析与处理 （1）分析计算 RLC 电路电压与电流的关系 （2）分析 RLC 电路的相位关系

4. 评价单（技能训练 5.3）

姓名：		班级：	第___组		组长签字：	
项目	考核要求	配分	评分细则	自评	互评	师评
搭建电路并设置参数	能够正确选择搭建电路所需要的元器件并设置参数，能够争取链接电路	20 分	①不能正确选择元器件，扣 5 分 ②不能正确设置参数，扣 5 分 ③不能正确进行电路连接，扣 5 分			
选择万用表和示波器	根据需要正确选择万用表和示波器进行连接，并完成相应设置	15 分	①不能正确选择电压表、电流表和示波器，扣 5 分 ②不能正确连接电压表、电流表和示波器，扣 5 分 ③不能正确设置电压表、电流表和示波器，扣 5 分			
仿真并记录参数	能够正确读出仿真参数并根据需要进行记录	25 分	①不能正确读出仿真参数，扣 5 分 ②不能正确记录仿真参数，扣 5 分			

项目	考核要求	配分	评分细则	自评	互评	师评
计算相应参数并完成数据分析	能够根据需要对测试参数进行计算处理，并对测试数据进行合理分析	20	①不能正确计算相应参数，扣5分 ②不能正确进行数据分析，扣5分			
学习态度与团队协作能力	1）学习态度端正、不迟到、不早退、不旷课 2）能积极地与小组同学合作并完成项目	10分	①不积极参与团队协作，根据程度扣1~10分 ②迟到或早退1次，扣5分 ③旷课1次，扣10分			
安全文明操作	1）无人为损坏仪器、元器件和设备的现象 2）保持环境整洁、秩序井然、操作规范	10分	①违反操作规程，每次扣5分 ②离开工作台不关闭电源、不整理工作台，每次扣5分			
教师签字：		日期：	总分：			

5. 教学反馈单（技能训练5.3）

已经学会的	还未学会的	准备怎样解决	教学建议

技能训练 5.4

1. 任务单（技能训练5.4）

学习领域	家庭配电箱的设计与安装	
学习情境	家庭配电箱	学时：4学时
任务描述	按照配电箱安装原理图（图A-25），搭建一个家庭配电箱控制电路，搭建要求如下： 1）断路器QS_1是配电箱的总断路器，合理设计接线方式将QS_1出线分成四路送到4个1P的断路器上，输出四路电压。 2）QS_1输出的零线分成四路与4个1P断路器组成4组电源从配电箱输出。 3）配电箱中接线规范，线路整洁。 4）QS_2输出给卧室供电，线材选择4mm²的电线；QS_3输出给客厅供电照明，线材选择2mm²的电线；QS_4输出给厨房供电，线材选择4mm²的电线；QS_5输出给空调供电，线材选择4mm²的电线	

任务描述	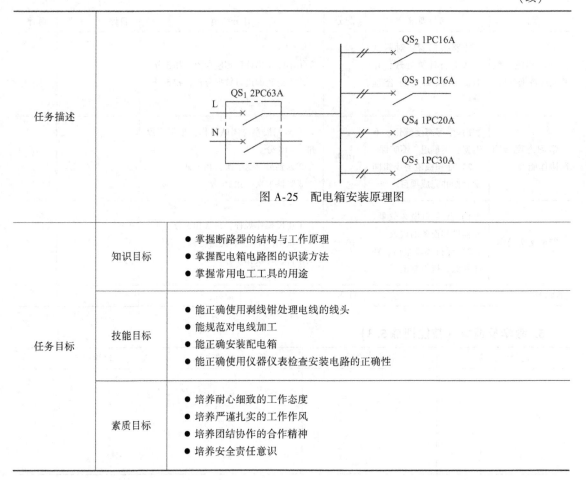 图 A-25　配电箱安装原理图	
任务目标	知识目标	● 掌握断路器的结构与工作原理 ● 掌握配电箱电路图的识读方法 ● 掌握常用电工工具的用途
	技能目标	● 能正确使用剥线钳处理电线的线头 ● 能规范对电线加工 ● 能正确安装配电箱 ● 能正确使用仪器仪表检查安装电路的正确性
	素质目标	● 培养耐心细致的工作态度 ● 培养严谨扎实的工作作风 ● 培养团结协作的合作精神 ● 培养安全责任意识

2. 材料工具单（技能训练5.4）

项目	序号	名称	型号	数量	性能
仪器仪表	1				
	2				
	3				
耗材	1				
	2				
	3				
工具	1				
	2				
	3				
元器件	1				
	2				
	3				

3. 实施单 （技能训练 5.4）

序号	实施步骤
①	在控制箱中固定断路器安装支架
②	根据任务要求设计断路器安装位置，并说明设计原因
③	在配电箱中安装固定断路器，写出断路器安装的操作方法
④	按要求选择线材，并根据安装规划合理处理线头，写明线头处理方法
⑤	完成配电箱电线与断路器的连接，画出接线施工图
⑥	画出接线施工图

4. 评价单 （技能训练 5.4）

姓名：		班级：		第___组		组长签字：		
项目	考核要求	配分	评分细则			自评	互评	师评
正确识图	能够正确识别电路及途中所需的元器件	20 分	① 不能正确识别电路图，扣 5 分 ② 不能正确识别电气器件，扣 5 分					
断路器的安装规划	能合理设计断路器的安装位置并固定好断路器	20 分	① 不能合理设计断路器安装位置，扣 5 分 ② 不能正确固定断路器，扣 5 分					
选择线材	能调根据需求合理选择线材并处理好线头	20 分	① 不能根据需要选择线材，扣 5 分 ② 不能正确处理线头，扣 5 分					
配电箱电线与断路器的连接	能够画出配电箱电线与断路器连接施工图并正确连接	20 分	① 不能画出施工图，扣 5 分 ② 不能正确连接配电箱电线与断路器，扣 5 分					
学习态度与团队协作能力	1）学习态度端正、不迟到、不早退、不旷课 2）能积极地与小组同学合作并完成项目	10 分	①不积极参与团队协作，根据程度扣 1～10 分 ②迟到或早退 1 次，扣 5 分 ③旷课 1 次，扣 10 分					
安全文明操作	1）无人为损坏仪器、元器件的现象 2）保持环境整洁、秩序井然、操作规范	10 分	①违反操作规程，每次扣 5 分 ②离开工作台不关闭电源、不整理工作台，每次扣 5 分					
教师签字：		日期：		总分：				

5. 教学反馈单（技能训练 5.4）

已经学会的	还未学会的	准备怎样解决	教学建议

技能训练 6.1

1. 任务单（技能训练 6.1）

学习领域	三相异步电动机控制电路的分析与安装	
学习情境	三相交流电路	学时：4 学时
任务描述	根据图 A-26 三相交流电路实验电路图在实训挂板上搭建电路，按要求完成相应数据的测量、分析和计算，总结出负载星形联结电路的特点。电路中的负载使用小功率白炽灯 图 A-26　三相交流电路实验电路图	
任务目标	知识目标	● 了解三相电路中电源的连接方法 ● 掌握线三相电路中的电压、电流及功率关系 ● 掌握对称和不对称三相电路的分析和计算
	技能目标	● 能够进行三相电源的星形联结 ● 能够使用仪器仪表，连接三相负载并测量电压电流
	素质目标	● 培养学生数据分析和处理能力 ● 培养学生解决问题的能力

2. 材料工具单（技能训练 6.1）

项目	序号	名称	型号	数量	性能
仪器仪表	1				
	2				
耗材	1				
	2				

项目	序号	名称	型号	数量	性能
工具	1				
	2				
元器件	1				
	2				
	3				
	4				

3. 实施单（技能训练6.1）

序号	实施步骤
①	器材准备 　根据电路图，将实训中所需元器件及导线的型号、规格和数量填写材料工具单表格中，并检查元器件是否合格；将实训中所需的仪器设备、工具等填写材料工具单表格中。检查元器件的性能是否合格
②	线路安装 　画出元器件布置图并固定元器件，画出电路的连接图。安装线路：按连接图完成线路和元器件的安装。安装电源线路：按连接图完成电源线路的安装

元器件布置图区：

序号	实施步骤
③	线路检测：电路接线检查 故障分析：在电路检测时发现线路不通或短路现象时，分析故障原因并排除故障
④	通电运行 　通电时，为了保证人身安全，认真执行安全操作规程的规定，经教师检查并现场监护，接通三相电源，合上电源开关。观察元器件是否工作正常，线路是否异常。如有异常，立即关闭电源开关检查
⑤	故障排查 　在通电后，元器件不能正常工作，分析故障原因并排除故障，此处填写故障及解决办法
⑥	测试数据 　测三相星形联结负载的线电压、相电压、中性点电压、线电流、相电流、中性线电流，记录到表A-12中

表 A-12　星形联结电路数据

负载状态		线电压/V			相电压/V			相（线）电流/A			中性点电压/V	中性线电流/A
		U_{AB}	U_{BC}	U_{CA}	U_A	U_B	U_C	I_A	I_B	I_C		
负载对称	有中性线											
	无中性线											
负载不对称	有中性线											
	无中性线											
⑦	根据以上数据总结出星形联结电路以下特点： 线电压与相电压的关系→ 负载电流的计算方法→ 相线电流与负载电流的关系→ 中性线电流等于＿＿＿＿＿											

4. 评价单（技能训练 6.1）

姓名：		班级：		第＿＿组		组长签字：		
项目	考核要求	配分	评分细则			自评	互评	师评
器材准备	根据电路图正确选择元器件、仪器设备、耗材、工具等	10分	①不清楚元器件功能及作用，每次扣2分 ②元器件漏检、错检，每次扣2分 ③器材选择错误，每件扣2分					
电路安装	能正确安装星形联结电路	20分	①元器件布局不合理，每只扣3分 ②安装不牢固、不整齐、不均匀，每只扣3分 ③布局过程中导致元器件损坏，每只扣3分 ④导线敷设不平直、不整齐、绝缘损坏，每处扣2分 ⑤节点不紧密、漏铜或反圈，每处扣2分 ⑥线路敷设违反电路原理图，每处扣2分 ⑦号码管错标、漏标，每处扣2分 ⑧导线选取错误，每处扣2分					

项目	考核要求	配分	评分细则	自评	互评	师评
故障排查	掌握星形联结电路的自检方法并能排除简易故障	20 分	①自检方法错误、漏检、错检，每次扣 5 分 ②连接线路有故障，故障分析和排障方法错误，每次扣 10 分 ③连接线路无故障，设定故障分析和排障方法错误，每次扣 10 分			
通电运行	正确操作通电运行的步骤	15 分	①第一次通电不成功且不能迅速判断故障，扣 10 分 ②第二次通电不成功且不能迅速判断故障，扣 15 分			
电路参数的测试	能根据要求正确测试电路参数	10 分	①不能正确测量电路参数，每处扣 5 分 ②未记录测量数据，扣 5 分			
数据的分析与总结	能按照要求对测量数据进行分析	5 分	未完成数据的分析和总结，扣 5 分			
学习态度与团队协作能力	1）学习态度端正、不迟到、不早退、不旷课 2）能积极地与小组同学合作并完成项目	10 分	①不积极参与团队协作，根据程度扣 1~5 分 ②迟到或早退 1 次，扣 5 分 ③旷课 1 次，扣 10 分			
安全文明操作	1）无人为损坏仪器、元器件和设备的现象 2）保持环境整洁、秩序井然、操作规范	10 分	①违反操作规程，每次扣 5 分 ②离开工作台不关闭电源、不整理工作台，每次扣 5 分			
教师签字：		日期：	总分：			

5. 教学反馈单（技能训练 6.1）

已经学会的	还未学会的	准备怎样解决	教学建议

技能训练 6.2

1. 任务单（技能训练 6.2）

学习领域	三相异步电动机控制电路分析与安装	
学习情境	认识三相异步电动机	学时：2 学时
任务描述	根据图 A-27 所示接线图，完成以下任务： 1. 检测三相异步电动机 6 根引出线，分清哪两根引出线属于同一个绕组，分清同一个绕组的首端和尾端。 2. 识读三相异步电动机的铭牌数据，查询手册，计算其机械性能参数 图 A-27　用交流法检测任意两相绕组同名端的接线图 a）两相绕组头尾连接正确　b）两相绕组头尾连接错误	
任务目标	知识目标	● 了解三相异步电动机的定子绕组结构 ● 掌握三相异步电动机的连接方法
	技能目标	● 能判断三相异步电动机的定子绕组 ● 能通过铭牌数据的识读了解其应用范围
	素质目标	● 培养团队合作的能力 ● 培养解决问题的能力

2. 材料工具单（技能训练 6.2）

项目	序号	名称	型号	数量	性能
仪器仪表	1				
	2				
耗材	1				
	2				
工具	1				
	2				
元器件	1				
	2				
	3				
	4				

3. 实施单（技能训练6.2）

序号	实施步骤
①	**器材准备** 　　根据图 A-27，将实训中所需元器件及导线的型号、规格和数量填写材料工具单表格中，并检查元器件是否合格；将实训中所需的仪器设备、工具等填写材料工具单表格中。检查元器件的性能是否合格
②	**判别引线** 　　判别三相绕组各自的两根引出线：将万用表调到电阻档进行测量任意两根引出线，如果电阻值接近于零就是同一绕组，如果电阻值接近∞就不是同一绕组，据此可分出 6 根引线分别属于三对绕组
③	**线路安装** 　　选取任意两对绕组相连接，连接结果可能是图 A-27 中的两种，另一对绕组连接电源。画出元器件布置图并固定元器件，画出电路的连接图 　　安装线路：按连接图完成线路和元器件的安装 　　安装电源线路：按连接图完成电源线路的安装

元器件布置图区：

④	**判断任意两相绕组的同名端** 　　一相绕组接通低压交流电，另外两相绕组与白炽灯串联。如果白炽灯亮说明两相绕组首尾连接是正确的如图 A-27a 所示；如果白炽灯不亮，则说明两相绕组接反，如图 A-27b 所示。从而判断电动机接灯的两对绕组的同名端
⑤	重复上面步骤③和④，判断电动机另外任意两对绕组的同名端。从而判断出电动机所有绕组的同名端

4. 评价单（技能训练6.2）

| 姓名： | | 班级： | | 第＿＿组 | | 组长签字： | | |

项目	考核要求	配分	评分细则	自评	互评	师评
器材准备	根据电路图正确选择元器件、仪器设备、耗材、工具等	10 分	①不清楚元器件功能及作用，每只扣 2 分 ②元器件漏检、错检，每只扣 2 分 ③器材选择错误，每只扣 2 分			
判断三相电动机的三对绕组	正确操作，判断三相电动机的三对绕组	10 分	不能判断三相电动机的三相绕组扣 10 分			

项目	考核要求	配分	评分细则	自评	互评	师评
电路安装	能正确安装交流法检测任意两相绕组的同名端电路	20 分	①元器件布局不合理，每只扣 3 分 ②安装不牢固、不整齐、不均匀，每只扣 3 分 ③导线敷设不平直、不整齐、绝缘损坏，每处扣 2 分 ④节点不紧密、漏铜或反圈，每处扣 2 分 ⑤电路敷设违反电路原理图，每处扣 2 分 ⑥号码管错标、漏标，每处扣 2 分			
判断任意两相绕组的同名端	正确操作，判断任意两相绕组的同名端	20 分	①第一次不能正确判断任意两相绕组的同名端，扣 10 分 ②第二次不能正确判断任意两相绕组的同名端，扣 20 分			
判断三相电动机绕组的同名端	正确操作，判断三相电动机绕组的同名端	20 分	①第一次不能正确判断三相电动机绕组的同名端，扣 10 分 ②第二次不能正确判断三相电动机绕组的同名端，扣 20 分			
学习态度与团队协作能力	1）学习态度端正、不迟到、不早退、不旷课 2）能积极地与小组同学合作并完成项目	10 分	①不积极参与团队协作，根据程度扣 1～5 分 ②迟到或早退 1 次，扣 5 分 ③旷课 1 次，扣 10 分			
安全文明操作	1）无人为损坏仪器、元器件和设备的现象 2）保持环境整洁、秩序井然、操作规范	10 分	①违反操作规程，每次扣 5 分 ②离开工作台不关闭电源、不整理工作台，每次扣 5 分			
教师签字：		日期：		总分：		

5. 教学反馈单（技能训练 6.2）

已经学会的	还未学会的	准备怎样解决	教学建议

技能训练 6.3

1. 任务单（技能训练 6.3）

学习领域	三相异步电动机控制电路分析与安装	
学习情境	三相异步电动机点动控制电路	学时：4 学时
任务描述	根据项目 6 中图 6-36b 所示电气原理图，选择合适电器元件，在实训板上规范安装三相异步电动机点动运行控制电路，通过检查并排除简单故障后，能通电正常运行	
任务目标	知识目标	● 了解三相异步电动机点动运行控制电路 ● 能熟练阅读和分析基本电气工作原理
	技能目标	● 能够正确安装三相异步电动机点动运行控制电路 ● 掌握基本的电气识图方法 ● 熟练掌握电气的检查方法，掌握电气元器件的安装、故障分析与查找
	素质目标	● 培养团队合作的能力 ● 培养解决问题的能力

2. 材料工具单（技能训练 6.3）

项目	序号	名称	型号	符号	数量	性能
仪器设备	1					
	2					
耗材	1					
	2					
	3					
	4					
工具	1					
	2					
	3					
	4					
元器件	1					
	2					
	3					
	4					
	5					

3. 实施单（技能训练 6.3）

序号	实施步骤
①	器材准备
②	电路安装
	画出元器件布置图并固定元器件，画出电路的连接图 元器件布置图区： 电路连接图区：
③	电路检测
④	通电运行
⑤	故障排查

4. 评价单（技能训练 6.3）

姓名：		班级：	第____组		组长签字：	
项目	考核要求	配分	评分细则	自评	互评	师评
器材准备	根据电路图正确选择元器件、仪器设备、耗材、工具等	10 分	①不清楚元器件功能及作用，每只扣 2 分 ②元器件漏检、错检，每只扣 2 分 ③器材选择错误，每件扣 2 分			
电路安装	能正确安装三相异步电动机点动控制电路	30 分	①元器件布局不合理，每只扣 3 分 ②安装不牢固、不整齐、不均匀，每只扣 3 分 ③导线敷设不平直、不整齐、绝缘损坏，每处扣 2 分 ④结点不紧密、漏铜或反圈，每处扣 2 分 ⑤线路敷设违反电路原理图，每处扣 2 分 ⑥号码管错标、漏标，每处扣 2 分			
故障排查	能检查电路连接是否正确并能排除简易故障	20 分	①自检方法错误、漏检、错检，每次扣 5 分 ②连接电路有故障，故障分析和排障方法错误，每次扣 10 分			

项目	考核要求	配分	评分细则	自评	互评	师评
通电运行	正确操作通电运行的步骤	20分	①热继电器设定不正确，扣5分 ②第一次通电不成功且不能迅速判断故障，扣10分 ③第二次通电不成功且不能迅速判断故障，扣20分			
学习态度与团队协作能力	1）学习态度端正、不迟到、不早退、不旷课 2）能积极地与小组同学合作并完成项目	10分	①不积极参与团队协作，根据程度扣1~5分 ②迟到或早退1次，扣5分 ③旷课1次，扣10分			
安全文明操作	1）无人为损坏仪器、元器件和设备的现象 2）保持环境整洁、秩序井然、操作规范	10分	①违反操作规程，每次扣5分 ②离开工作台不关闭电源、不整理工作台，每次扣5分			
教师签字：		日期：	总分：			

5. 教学反馈单（技能训练6.3）

已经学会的	还未学会的	准备怎样解决	教学建议

技能训练6.4

1. 任务单（技能训练6.4）

学习领域	三相异步电动机控制电路分析与安装	
学习情境	三相异步电动机单向连续运行控制电路	学时：2学时
任务描述	根据项目6中图6-45所示电气原理图，选择合适电器元件，在实训板上规范安装三相异步电动机单向连续运行控制电路，通过检查并排除简单故障后，能通电正常运行	
任务目标	知识目标	● 了解三相异步电动机单向连续运行控制电路 ● 能熟练阅读和分析基本电气工作原理
	技能目标	● 能够正确安装三相异步电动机单向连续运行控制电路 ● 掌握基本的电气识图方法 ● 熟练掌握电气的检查方法，掌握电气元器件的安装、故障分析与查找
	素质目标	● 培养团队合作的能力 ● 培养解决问题的能力

2. 材料工具单（技能训练6.4）

项目	序号	名称	型号	符号	数量	性能
仪器设备	1					
	2					
	3					
耗材	1					
	2					
	3					
工具	1					
	2					
	3					
	4					
元器件	1					
	2					
	3					
	4					
	5					
	6					

3. 实施单（技能训练6.4）

序号	实施步骤
①	器材准备
②	安装电路 画出元器件布置图并固定元器件，画出电路的连接图 元器件布置图区： 电路连接图区：
③	电路检测
④	通电运行
⑤	故障排查

4. 评价单（技能训练 6.4）

姓名：			班级：	第___组	组长签字：		
项目	考核要求	配分	评分细则		自评	互评	师评
器材准备	根据电路图正确选择元器件、仪器设备、耗材、工具等	10 分	①不清楚元器件功能及作用，每只扣 2 分 ②元器件漏检、错检，每只扣 2 分 ③器材选择错误，每只扣 2 分				
电路安装	能正确安装三相异步电动机单向连续运行控制电路	30 分	①元器件布局不合理，每只扣 3 分 ②安装不牢固、不整齐、不均匀，每只扣 3 分 ③导线敷设不平直、不整齐、绝缘损坏，每处扣 2 分 ④节点不紧密、漏铜或反圈，每处扣 2 分 ⑤电路敷设违反电路原理图，每处扣 2 分 ⑥号码管错标、漏标，每处扣 2 分				
故障排查	掌握三相异步电动机单向连续运行控制电路的自检方法并能排除简易故障	20 分	①自检方法错误、漏检、错检，每次扣 5 分 ②连接电路有故障，故障分析和排障方法错误，每次扣 10 分				
通电运行	正确操作通电运行的步骤	20 分	①热继电器设定不正确，扣 5 分 ②第一次通电不成功且不能迅速判断故障，扣 10 分 ③第二次通电不成功且不能迅速判断故障，扣 20 分				
学习态度与团队协作能力	1）学习态度端正、不迟到、不早退、不旷课 2）能积极地与小组同学合作并完成项目	10 分	①不积极参与团队协作，根据程度扣 1~5 分 ②迟到或早退 1 次，扣 5 分 ③旷课 1 次，扣 10 分				
安全文明操作	1）无人为损坏仪器、元器件和设备的现象 2）保持环境整洁、秩序井然、操作规范	10 分	①违反操作规程，每次扣 5 分 ②离开工作台不关闭电源、不整理工作台，每次扣 5 分				
教师签字：			日期：	总分：			

5. 教学反馈单 （技能训练 6.4）

已经学会的	还未学会的	准备怎样解决	教学建议

技能训练 6.5

1. 任务单 （技能训练 6.5）

学习领域	三相异步电动机控制电路分析与安装	
学习情境	三相异步电动机正反转控制电路	学时：4 学时
任务描述	根据项目 6 中图 6-53 所示电气原理图，选择合适电器元件，在实训板上规范安装三相异步电动机双重互锁运行控制电路，通过检查并排除简单故障后，能通电正常运行	
任务目标	知识目标	● 了解正反转控制电路的应用 ● 掌握正反转控制电路的工作原理
	技能目标	● 能够根据电气原理图正确选择所需电器元件 ● 能够正确安装接触器、按钮双重互锁正反转控制电路
	素质目标	● 培养团队合作的能力 ● 培养解决问题的能力

2. 材料工具单 （技能训练 6.5）

项目	序号	名称	型号	符号	数量	性能
仪器设备	1					
	2					
	3					
耗材	1					
	2					
	3					
工具	1					
	2					
	3					
	4					

项目	序号	名称	型号	符号	数量	性能
元器件	1					
	2					
	3					
	4					
	5					
	6					

3. 实施单（技能训练6.5）

序号	实施步骤
①	器材准备
②	电路安装 画出元器件布置图并固定元器件，画出电路的连接图 元器件布置图区： 电路连接图区：
③	电路检测
④	通电运行
⑤	故障排查

4. 评价单（技能训练6.5）

姓名：			班级：	第___组		组长签字：		
项目	考核要求	配分	评分细则			自评	互评	师评
器材准备	根据电路图正确选择元器件、仪器设备、耗材、工具等	10分	①不清楚元器件功能及作用，每只扣2分 ②元器件漏检、错检，每只扣2分 ③器材选择错误，每只扣2分					

项目	考核要求	配分	评分细则	自评	互评	师评
电路安装	能正确安装接触器、按钮双重互锁正反转控制线路	30 分	①元器件布局不合理，每只扣 3 分 ②安装不牢固、不整齐、不均匀，每只扣 3 分 ③导线敷设不平直、不整齐、绝缘损坏，每处扣 2 分 ④节点不紧密、漏铜或反圈，每处扣 2 分 ⑤电路敷设违反电路原理图，每处扣 2 分 ⑥号码管错标、漏标，每处扣 2 分			
故障排查	掌握接触器、按钮双重互锁正反转控制电路的自检方法并能排除简易故障	20 分	①自检方法错误、漏检、错检，每次扣 5 分 ②连接电路有故障，故障分析和排障方法错误，每次扣 10 分			
通电运行	正确操作通电运行的步骤	20 分	①热继电器设定不正确，扣 5 分 ②第一次通电不成功且不能迅速判断故障，扣 10 分 ③第二次通电不成功且不能迅速判断故障，扣 20 分			
学习态度与团队协作能力	1）学习态度端正、不迟到、不早退、不旷课 2）能积极地与小组同学合作并完成项目	10	①不积极参与团队协作，根据程度扣 1~5 分 ②迟到或早退 1 次，扣 5 分 ③旷课 1 次，扣 10 分			
安全文明操作	1）无人为损坏仪器、元件和设备的现象 2）保持环境整洁、秩序井然、操作规范	10 分	①违反操作规程，每次扣 5 分 ②离开工作台不关闭电源、不整理工作台，每次扣 5 分			
教师签字：		日期：	总分：			

5. 教学反馈单（技能训练 6.5）

已经学会的	还未学会的	准备怎样解决	教学建议